Django 4

ファーストガイド

必要最小限の準備で **Django** アプリ作成の基本を固める

日向俊二●著

CUTT
カットシステム

はじめに

　かつて、ジャンゴ・ラインハルト（Django Reinhardt、1910 ～ 1953）というギタリストがいました。ジャンゴ・ラインハルトにちなんで命名された Web フレームワークが Django です。

　Django は、プログラミング言語として Python を使い、データベースを主体とした Web アプリケーションを構築するためのフレームワークです。

　Django と適切なライブラリやツールを使うと、見栄えが良くて機能が豊富な大規模な Web サイトを比較的短時間で構築できます。しかし、そのためには、Python と HTML や CSS、データベースの知識に加えて、さまざまな知識が必要になります。たとえば、フロントエンドライブラリ Bootstrap を使うと見栄えの良いサイトを短時間で実現することができますし、高機能な開発ツールを使えばコードの編集からサーバーでサイトを稼働させてテストすることまでをその開発ツールの機能を使って行うことができます。しかし、そうするためにはさまざまな種類の膨大な知識とそれぞれの要素に関する経験が必要になります。さらに Django には膨大なドキュメントがありますが、必ずしも初心者にとってわかりやすいものとはいえません。そのため、Django に手を出したものの途中で挫折してしまうこともあるでしょう。

　本書では、Python と最も基本的な HTML と CSS、そしてデータベース SQLite3 に範囲を限定して、Django を使って Web アプリケーションを作成する方法をやさしく解説します。本書の範囲内で作る Web サイトは大規模なものでも見栄えの良いものでもありませんが、本書で Django の本質的な部分を理解してしまえば、たとえば、データベースの種類を変えることに集中するだけで大規模なアプリケーションにすることができ、Bootstrap を導入することに集中すれば見栄えの良さに重点を置いたサイトを実現することができ、Git と GitHub の知識を追加すれば多数の共同作業者と共に開発できるようになります。

　本書はそうした将来の発展の基礎となる Django 開発の情報を提供することに重点を置いています。本書を活用して Django の第一歩を踏み出してください。

本書の表記

> Windows のコマンドプロンプトを表します。

$ Linux や WSL など UNIX 系 OS のコマンドプロンプトを表します。

>>> Python のインタラクティブシェル（インタープリタ）のプロンプト（一次プロ
ンプトともいう）を表します。Python のインタラクティブシェルでの実行例で
>>> が掲載されていても、>>> は入力しません。

... Python のインタラクティブシェル（インタープリタ）の行の継続（二次プロン
プト）を表します。Python のインタラクティブシェルでの実行例で ... が掲載
されていても、... は入力しません。

() ひとまとまりの実行可能なコードブロックである関数であることを示します。
たとえば、main という関数を表すときに、「main という名前の関数」や「関数
main()」と表記しないで、単に「main()」と表記することがあります。

太字 ユーザー（プログラマ）が入力する式や値、プログラムコードなどであること
を表します。

[] 書式の説明において [と] で囲んだものは省略可能であることを示します。

Note 本文を補足するような説明や、知っておくとよい話題です。

対象とするソフトウェアのバージョン

・Django 4.0 以降
・Python 3.8 以降

本書の Django サンプルプロジェクトの実行を確認した環境
・Windows 10、Python 3.11.3、Django 4.2.0
・Linux（ubuntu 22.04.2）、Python 3.10.6、Django 4.2.0

ご注意

- 本書の内容は本書執筆時の状態で記述しています。Python や Django などのバージョンによっては本書の記述と実際とが異なる可能性があります。
- 本書は Python や Django のすべてのことについて完全に解説するものではありません。必要に応じて他のリソースを参照してください。
- 本書に掲載のコード断片や特定のファイルをそのまま実行することはできません。Django では複数のファイルやコードが有機的に結合して機能します。コードの意味を理解してから実行したり編集したりサイトとして表示したりしてください。
- 本書のサンプルは、プログラミングやコーディングを理解するために掲載するものです。実用的なプログラムとして提供するものではありませんので、ユーザーのエラーへの対処やセキュリティー、その他の面で省略してあるところがあります。そのままのかたちで本番環境では使わないでください。

本書に関するお問い合わせについて

本書に関するお問い合わせは、sales@cutt.co.jp にメールでご連絡ください。

なお、お問い合わせは本書に記述されている範囲に限らせていただきます。特定の環境や特定の目的に対するお問い合わせ等にはお答えできませんので、あらかじめご了承ください。特に、特定の環境における特定の開発ツールのインストールや設定、使い方、読者固有の環境におけるエラーなどについてご質問いただいてもお答えできませんのでご了承ください。

お問い合わせの際には下記事項を明記してくださいますようお願いいたします。

- 氏名
- 連絡先メールアドレス
- 書名
- 記載ページ
- 問い合わせ内容
- 実行環境

第3章　データモデル ……39

第4章　管理画面 ……61

第5章　ビュー ……73

第6章　グルメサイトの作成（1）……87

第7章　グルメサイトの作成（2）……107

付　録 ……127

第1章

Django と Python

この章では、Django の概要、使いはじめるために必要なインストールやそのほかの準備、Python の基本的な扱い方について解説します。

1.1　Django の概要

　Django（ジャンゴ）は Python で Web アプリケーションを開発する際に使う Web フレームワークです。

◆ フレームワーク

　Django は Web アプリケーションのためのフレームワーク（Frame work、枠組み、骨組み）です。

　アプリケーションの目的や機能はアプリケーションごとに異なりますが、その本質的な構造は似通っています。たとえば、多くの Web アプリケーションは、投稿や商品の一覧やリストがあって、閲覧者はそこから詳細を表示してあるページに飛び、新規投稿や注文のフォームで情報をサーバーに送れるようになっています。また、たとえば、サイトにログインすると特定の操作ができるような仕組みは、アプリケーションの種類にかかわらずほぼ同じです。そうした大きな骨組みや共通する機能を容易に利用できるようにしたものがフレームワークです。

　Django はさまざまな種類の Web アプリケーションを作成するための骨組みとなり、また詳細を作成するための共通した部品となるものやツールを提供します。

　現在では要求が多様で高度になったため、ある程度の規模の Web アプリケーションをゼロからすべて自分で作ることはほとんどなく、たいていの Web アプリケーションがなんらかのフレームワークを使って作成されています。Django はそうしたフレームワークの中でも、最も便利で拡張性や柔軟性が高く、幅広く使われているもののひとつです。

◆ サーバーとクライアント

　Web サーバーはクライアントからのリクエストによって Web ページやその他の情報をクライアントに送り返します。そのための適切な情報を作り出すのが Web アプリケーションの役割です。典型的なクライアントは Web ブラウザですが、それ以外のアプリケーションである場合もあります。

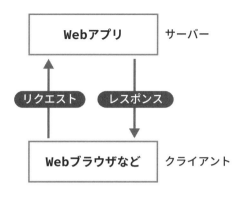

図1.1●サーバーとクライアント

　Djangoで構築したWebアプリケーションも、サーバー上で稼働し、クライアントからのリクエストによってWebページなどをクライアントに送り返します。

◆ Djangoの特徴

　Djangoには次のような特徴があります。

- Djangoは、実績があり安定した信頼できるブラックボックスです。フレームワークを利用するときには、背後で行われている詳細はそのフレームワークの開発者に任せ、フレームワークを信頼して、何をするとどうなるのかという点を理解して利用することになります。Djangoはそういった観点から信頼して利用できるツールです。

- Webアプリケーションの開発に使われる、「ユーザー認証」、「管理画面」、「サイトの案内ページ」、「RSSフィード」など、多くのサイトで必要になる要素がほぼすべて揃っています。
  このように、必要なあらゆるものが揃っているものをフルスタックともいいます。

- さまざまな目的に対応する非常に豊富なライブラリを持っているプログラミング言語Pythonを使っています。たとえば、イメージ（画像）を含む多様な情報を扱ったりAIを実装するためのたくさんのライブラリがPythonでは利用できます。

● データベースを容易に利用することができます。Django では SQLite はデフォルトでインストールされます。また、PostgreSQL、MariaDB、MySQL、Oracle などをサポートします。

● ユーザー認証システムとして、ユーザーのアカウントとパスワードを安全に管理する方法が提供されています。Web アプリケーション開発者はログインと認証のための詳細を作成しないで、Django が提供する機能をほぼそのまま利用することができます。

● サイト全体の管理画面があります。データモデルを定義するだけで Web アプリケーション管理者が必要最低限のデータ管理を行うことができるようになります。また、サイトの案内ページを容易に作れます。

● 高度なセキュリティを実現できます。ユーザー認証システムをはじめ、さまざまな脅威に対する対策が施されているのでセキュリティ面で安心です。

● Django の各ファイルはそれぞれ役割が決まっています。そのため、目的に応じて独立して扱ったり拡張することが容易です。ほとんどどのような規模の Web アプリケーションにも柔軟に対応できます。そのため、用途が非常に広いといえます。

Django の機能は強力で守備範囲も広範ですが、本書でそのすべてを取り上げるわけではありません。本書は Django で Web アプリケーションの開発をスタートすることに重点を置いています。

1.2 インストール

　Django を使うためには、システムに Python と Django および関連ツールなどがインストールされていることが必要です。

　システムによっては必要なものがあらかじめインストールされている場合もあるので、インストールする前にそれがインストールされているかどうか調べ、インストールされているならバージョンを調べる必要があります。

◆ Python のインストール ◆

　Django ではプログラミング言語としてだけでなく実行環境として Python を使います。

　最初に Python をインストールする必要がありますが、システムにすでに Python がインストールされている可能性があります。オプション --version を付けて Python を実行してみると Python がインストールされているかどうかと、Python がインストールされている場合はバージョンを確認できます。

```
>python --version
Python 3.11.1
```

　Python を起動するコマンド名は、環境によっては py や python3、あるいは python3.11 などの場合があります（数字はバージョンによって変わります）。その場合は、「py --version」や「python3 --version」のように有効なファイル名を指定して実行してください。

　Django 4.x は Python3.8 以降でサポートされますので、Python がインストールされていない場合、および、Python のバージョンが 3.8 より古い場合は、新しいバージョンの Python をインストールしてください。

　Python をインストールするには、Python の Web サイト（https://www.python.org/）の [Download] からプラットフォームとバージョンを選択してインストールします。選択したプラットフォーム / バージョンにインストーラーやインストールパッケージが用意されている場合は、それをダウンロードしてインストールする方法が最も容易なインス

トール方法です。

　Windows の場合、Microsoft Store からインストールすることもできます。

　Linux や macOS の場合は、ディストリビューションに Python のパッケージが含まれ
ている場合が多く、特に Python をインストールしなくても Python を使える場合が多い
でしょう。ただし、インストールされているのが Python 3.8 より前のバージョンである
場合は、新しいバージョンの Python をインストールする必要があります。

◆ pip のインストール

　Python と Django そのほかさまざまなものをインストールしたり更新するために、最
初に python 公式のパッケージ管理システムである pip がインストールされているか調
べます。

　次のコマンドで pip がインストールされているかわかります。

```
>pip --version
```

　pip がインストールされていない場合は、以下の方法でインストールします。
　Windows では、次のコマンドで pip をインストールします。

```
>python get-pip.py
```

　macOS では、次のコマンドで pip をインストールします。

```
$ sudo easy_install pip
```

　apt をサポートする Linux（Ubuntu など）では、次のコマンドで pip をインストール
できます。

```
$ sudo apt install python3-pip
```

pip がインストールされていても、pip のバージョンが古い可能性があるので、次のコマンドを実行してアップグレードします。

```
>python -m pip install --upgrade pip
```

または

```
>pip install --upgrade pip
```

◆ Django のインストール

システムによってはあらかじめ Django がインストールされている場合もあるので、Django がインストールされているかどうか、次のコマンドラインを実行してみます。

```
>python -m django --version
```

これで「No module named django」というエラーが出たら Django はインストールされていないでしょう。Django がインストールされていれば、インストールされている Django のバージョンが表示されます。

Django をインストールするときには、実際に使用する Python のバージョンに応じてインストールできる次のコマンドを使うことを推奨します。

```
>python -m pip install django
```

インストールが進行し、最終的に「Successfully installed」と表示されればインストールは成功しています。

Note　Django でデータベースに SQLite3 を使う場合はデータベースに関して特に何も
しなくてもかまいません。しかし、SQLite3 以外の「巨大な」データベースを利用す
る場合は、PostgreSQL、MariaDB、MySQL、Oracle などのいずれかのインストー
ルと、データベースの設定が必要になります。その場合は、それぞれのデータベー
スの情報を取得して設定してください。初心者は最初は SQLite3 を使うことを推奨
します。

1.3　Python との対話

　Python のプログラムの主な実行方法には、2 種類あります。ひとつは、Python のイ
ンタラクティブシェル（対話型インタープリタ）を使って実行する方法です。もうひと
つは、Python のプログラムファイル（スクリプトファイル）を作成して実行する方法で
す。ここでは簡単なプログラムの実行のしかたを学びます。

　最初に、インタラクティブな方法（対話的方法）で Python を使い始めるために必要
なことを説明します。

　Python のインタラクティブシェルを起動して、Python を起動して確かめてみましょう。

　Python が起動すると、Python のメッセージと一次プロンプトと呼ばれる「>>>」が表
示されます。これが Python のインタラクティブシェルのプロンプトです。

```
>python
Python 3.11.1 (tags/v3.11.1:a7a450f, Dec  6 2022, 19:58:39) [MSC v.1934 64 bit
(AMD64)] on win32
Type "help", "copyright", "credits" or "license" for more information.
>>>
```

　これは Windows で Python 3.11.1 場合の例です。表示されるバージョン番号やそのあ
との情報（Python をコンパイルしたコンパイラやプラットフォームの名前など）は、こ

の例と違っていても構いません。

Linux なら、たとえば次のように表示されることがあります。

```
$ python3
Python 3.10.6 (main, Mar 10 2023, 10:55:28) [GCC 11.3.0] on linux
Type "help", "copyright", "credits" or "license" for more information.
>>>
```

いずれにしても、「Type "help", "copyright", "credits" or "license" for more information.」を含む Python のメッセージと Python のインタラクティブシェルのプロンプト「>>>」が表示されれば、インタラクティブシェルが起動したことがわかります。

インタープリタは「解釈して実行するもの」という意味、インタラクティブシェルは「対話型でユーザーからの入力を受け付けて結果や情報を表示するもの」という意味があります。

◆ プロンプト

Python のインタラクティブシェルのプロンプト「>>>」が表示されている環境では、入力された Python の命令や式などを Python のインタープリタが 1 行ずつ読み込んで、その結果を必要に応じて出力します。言い換えると、インタラクティブシェルのプロンプト「>>>」に対するユーザー（Python のユーザーはプログラムを実行する人）からの命令や計算式の入力を受け付けます。このようにプロンプトに対して命令や計算式などを入力することで、後で説明するようなさまざまなことを行うことができます。

Note　Python を使っているときには、OS（コマンドウィンドウ、ターミナルウィンドウなど）のプロンプトである「>」や「#」、「$」などと、Python のインタラクティブシェルを起動すると表示されるインタラクティブシェルのプロンプト「>>>」を使います。この 2 種類のプロンプトは役割が異なるので区別してください。なお、データベースのシェルを使う場合は、上記 2 種類とは異なるデータベースのシェルのプロンプトに対して入力することになります。つまり、3 種類以上のプロンプトを使うことがあります。

◆ 単純な加算

　Python のインタラクティブシェルに慣れるために、最初に Python で計算をしてみましょう。

　Python のプロンプト「>>>」に対して 2+3 を入力し、Enter キーを押してみます。

```
>>> 2+3
5
>>>
```

　上に示したように、2+3 の結果である 5 が表示されたあとで、新しいプロンプトが表示されるはずです（以降の例では、結果の後に表示される >>> は省略します）。

　Web ブラウザや IDE のようなツールを使ってプログラムを実行するときには、プログラムコードを入力するための入力フィールドにコードを入力して、プログラムを実行するためのメニューコマンドやボタンをクリックします。なお、Web ブラウザや IDE を使う実行環境で実行するときには、print(2+3) のように print() を使わないと結果が出力されない場合があります。

　引き算や掛け算、割り算を行うこともできます。引き算の記号は「-」（マイナス）ですが、掛け算の記号は数学と違って「*」（アスタリスク）、割り算の記号は「/」（スラッシュ）です。

　たとえば、6 × 7 - 5 を実行すると次のようになります。

```
>>> 6*7-5
37
```

　もっと複雑な式も、もちろん計算できます。次の例は、123.45 × (2+7.5) - 12.5 ÷ 3 の計算例です。

```
>>> 123.45*(2+7.5)-12.5/3
1168.6083333333333
```

　Python のインタラクティブシェルを終了するときには、プロンプトに対して exit()
または quit() を入力します。

```
>>> exit()
```

または

```
>>> quit()
```

　プログラムが無限ループに入るなどして exit() または quit() を入力しても終了でき
ないときには、Windows では Ctrl キーを押しながら Z キーを押し、つづけて Enter キー
を押してみてください。Linux のような UNIX 系 OS では Ctrl キーを押しながら D キー
を押してみてください。

◆ print() を使った出力 ·· ◆

　電卓のように式の値を計算して表示したり、文字列をそのまま表示するのではなく、
「プログラムコードを実行した」と感じられることをやってみましょう。
　値を出力するために、Python には print() が定義されています。
　ここでは「Hello, Python!」と出力するプログラムコードを実行してみましょう。プロ
グラムの意味はあとで考えることにします。

```
>>> print ('Hello, Python!')
Hello, Python!
```

　入力したプログラムコードは print ('Hello, Python!') です。次の行の「Hello,
Python!」は、プログラムコードを実行した結果として Python のインタラクティブシェ

ルが出力した情報です。

　print ('Hello, Python!') の print は、そのあとのかっこ () の中の内容を出力する命令です。

　ここで出力する内容は「Hello, Python!」なのですが、これを文字列であるとインタラクティブシェルに知らせるために、「'」（シングルクォーテーション）で囲みます。「'」の代わりに文字列を「"」（ダブルクォーテーション）で囲っても構いません。

```
>>> print ("Hello, Python!")
Hello, Python!
```

同じようにして、計算式を出力することもできます。

```
>>> print (2*3+4*5)
26
```

　今度は文字列ではなく式を計算した結果である数値を出力したので、かっこの中を「'」や「"」で囲っていないことに注意してください。

　print() を使う場合と使わない場合で結果がまったく同じであるわけではありません。単に 'Hello, Python!' を実行すると「'Hello, Python!'」とクオーテーションで囲まれている文字列が出力され、print ('Hello, Python!') を実行すると「Hello, Python!」とクオーテーションで囲まれていない文字列だけが出力されます。

```
>>> 'Hello, Python!'
'Hello, Python!'
>>> print ('Hello, Python!')
Hello, Python!
```

　クオーテーションは、出力された値が文字列であることを表しています。

　インタラクテイブシェルで Python のプロンプト >>> に対してコードを入力して実行する方法には次のような特徴があります。

- 短いコードを手軽に実行するときに適しています。
- プログラムをプロンプト >>> に対して入力するごとに結果やエラーなどが表示されます。
- 途中経過を容易に見ることができます。

次に進む前に、Python のインタラクティブシェルをいったん終了して OS のコマンドプロンプトに戻ります。インタラクティブシェルをいったん終了するには、「>>>」に対して exit() または quit() を入力します。

1.4 スクリプトファイル

Python のプログラムは、インタープリタでコード行を入力して実行するほかに、ファイルに保存しておいて、いつでもファイルの中のコードを実行することができます。

◆ ファイルの作成と保存 ···◆

Windows のメモ帳や Linux の gedit などのテキストエディタを起動し、ファイルを新規作成して次に示す 1 行のプログラムを入力します。

```
print ('Hello, Python!')
```

図1.2●Windowsのメモ帳で編集した例

図1.3●gedit で編集した例

　テキストエディタでコードを入力したら、これを hello.py というファイル名で保存します。こうしてできたファイルが Python のプログラムファイルであり、スクリプトファイルともいいます。

　ここでは初心者にもわかりやすいように Windows のメモ帳や gedit の例を示しましたが、ほかの高機能エディタを使ってもかまいません。

　Windows のようなデフォルトではファイル拡張子が表示されないシステムの場合、ファイルの拡張子が表示されるように設定してください。また、新規作成したファイルの保存時に自動で拡張子を付けるようなエディタでは、hello.txt や hello.py.txt というファイル名にならないように注意する必要があります。

　ファイルを保存する場所には注意を払う必要があります。

　あとで .py ファイルを容易に（パスを指定しないで）実行できるようにするには、適切なディレクトリを用意してからそこに保存するとよいでしょう。

　Windows の場合、たとえば、c:¥jdstart¥ch01 に保存しておきます。

　Linux など UNIX 系 OS なら、たとえば、ユーザーのホームディレクトリの中に jdstart/ch01 というディレクトリを作ってそこに保存します。

◆ スクリプトの実行 ······································◆

次に、作成したスクリプト（Pythonのプログラムファイル）を実行してみます。

まず、端末（コマンドプロンプトウィンドウやWindows PowerShell、コンソール、ターミナルともいう）を開き、OSのプロンプト（>、$、%など）が表示されているようにします。

スクリプトファイルを jdstart\ch01 に保存したのであれば、コマンドラインで「cd jdstart\ch01」を実行してカレントディレクトリを変更して、パスを指定しないでスクリプトファイルを実行できるようにします。そして、端末のプロンプトに対して「python hello.py」と入力します。

Note
「python hello.py」の「python」の部分は、インストールされているPythonの種類によって「python3」、「py」、「python3.10」など適切な名前に変えます。

プログラムが実行されて、次のように結果の文字列「Hello, Python!」が表示されるはずです。

```
>python hello.py
Hello, Python!
```

もしPythonのスクリプトファイルのパスを指定して実行するなら、たとえば次のようにします。

```
>python mypython\ch01\hello.py
Hello, Python!
```

なお、スクリプトファイルを実行するときには、print()を使わないと何も出力されません。たとえば、次のような内容のファイルを作って実行しても何も起きません。

```
'Hello, Python!'
```

　これは、>>> というプロンプトに対してコードを実行するインタラクティブシェルの場合は、コードが実行されるたびにその値が出力（表示）されるのに対して、スクリプトファイルの実行では print() を使うなどして明示的に出力することを命令しないと値が出力されないからです。

　数値計算などでも同じです。次のような式を含むスクリプトファイルを作成して実行すると、結果として 5 が出力されます。

```
print(2+3)
```

　これに対して、次のような内容のスクリプトファイルを作成して実行しても何も表示されません。

```
2+3
```

　Python のプログラムコードをファイルに記述して、ファイルのコードを実行する方法には次のような特徴があります。

- 比較的大規模なプログラムに適しています。
- プログラムをファイルに保存しておくことができます。
- 同じプログラムを容易に何度も実行することができます。
- グラフィックスや GUI を扱うプログラム（メニューやコマンドボタンなどがあるプログラム）に適しています。

　Django では、「Python manage.py ....」という形式で manage.py という名前の Python のプログラムファイル（スクリプトファイル）を実行することがよくあります（第 2 章以降で具体例を示します）。

第2章

はじめての Django

この章では、きわめて単純な Web サイトを
Django を使って作成する方法について解説します。
この章では、使用するファイルの主な目的と作業の
大まかな流れをつかんでください。

2.1 プロジェクトの作成

Django は Web サイトをプロジェクト単位で管理します。

◆ 初期プロジェクトの生成 ・・ ◆

　最初にプロジェクト名を指定して Django でプロジェクトを生成します。このとき、プロジェクトはカレントディレクトリに生成されるので、あらかじめ適切なディレクトリ（フォルダ）を作成して、作成したディレクトリに移動しておきます。たとえば、djstart というディレクトリを作成するなら、カレントディレクトリから相対パスで次のように mkdir コマンドでサブディレクトリを作成してから cd コマンドで作成したディレクトリに移動します。

```
>mkdir djstart
>cd djstart
```

　あるいは絶対パスで次のようにします。

```
>mkdir ¥djstart
>cd ¥djstart
```

　次に Django の初期プロジェクトを生成します。ここでは新しく作成するプロジェクト名を myhello にすることにします。
　次のコマンドを実行します。

```
>django-admin startproject myhello
```

　django-admin が見つからないなどの理由で上のコマンドでうまくいかない場合は、次のように入力してください。

```
>python -m django startproject myhello
```

Note

　　UNIX 系のシステムでは django-admin を実行しようとすると「permission denied」というメッセージが表示されて実行できない場合があります。 そのような場合には、ファイルを実行可能にしてください。ファイルを実行可能にするには、django-admin がインストールされているディレクトリに移動して、「sudo chmod +x django-admin」を実行して django-admin を実行可能にします。

◆ 初期プロジェクトの内容

　初期プロジェクトで djstart の下に生成されるディレクトリとファイルの構成を次の図に示します。

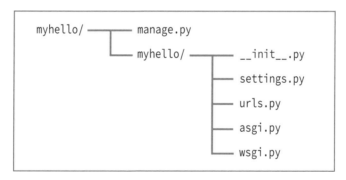

図2.1●初期プロジェクトの構成

　この djstart の中に生成されるディレクトリやファイルについて以下で概要を説明しますが、あとでそれぞれのファイルについて必要に応じて具体的に取り上げますし、状況によっては使わない（無視してよい）ファイルもあるので、この段階では詳細を気にする必要はありません。

- djstart の直下のディレクトリ myhello は、このプロジェクトのコンテナとなるディレクトリです。プロジェクトのファイルはすべてこのディレクトリ以下に保存されます。このディレクトリ名 myhello は、変更しても構いません（他のディレクトリやファイルの名前はむやみに変更できません）。

- settings.py は、このプロジェクトのさまざまな設定を必要に応じて行う設定ファイルです。自動的に生成されたままで特に変更しなくてよい設定も多いので、必要になった時に該当するところを変更すればよいでしょう。

- manage.py は、プロジェクトのさまざまな操作を行うための関数 main() を含むモジュールです。プログラムが起動すると、このモジュールの main() からプログラムの実行が始まり、起動時に指定されたオプションに従って、サーバーを起動したり、シェルを起動したり、テストしたりします。

- myhello のサブディレクトリとして作成されるディレクトリ myhello にはこのプロジェクトの主要なファイルを保存します。このディレクトリは、プロジェクトのファイルをインポート（import）する際に使う修飾名です。たとえば、このディレクトリに含まれる urls.py をインポートするときには「import myhello.urls」とします。またこの myhello 以下全体がこのプロジェクトのパッケージであると考えることもできます。

- urls.py は、プロジェクトの URL 宣言で、ここに特定の URL と表示される内容（厳密には実際に実行される関数やクラスなど）の関係を記述します。たとえば、Web ブラウザのアドレスフィールドにサイト閲覧者が /index と入力したときに表示するべき対象をここに指定します。

- asgi.py は、ASGI（Asynchronous Server Gateway Interface）準拠の Web サーバーのエントリポイントです。ASGI 準拠の Web サーバーでこの Web アプリケーションを提供する際に使います。

- wsgi.py は、WSGI（Web Server Gateway Interface）準拠の Web サーバーのエントリポイントです。WSGI 準拠の Web サーバーでこの Web アプリケーションを提供する際に使います。

- __init__.py は、このディレクトリが Python パッケージであることを Python に知らせるための空のファイルです。このファイルの内容はありませんが、むやみに削除することはできません。

◆ サイトの表示 ···◆

　生成した新しいプロジェクトはれっきとしたひとつのサイトとして Web ブラウザにページを表示することができます。そのためには Web サーバーを稼働させて Web ブラウザからのリクエストを受け取れるようにする必要があります。

　幸いにも Django では開発用サーバーが提供されているので、それを使えば Web サーバーでサイトを利用できるようにすることが簡単に実現できます。

　cd コマンドで manage.py があるサブディレクトリに移動してから、Python を次のように実行してサーバーを起動します。

```
>cd myhello
>python manage.py runserver
```

Note　開発用サーバーが起動しなくてエラーメッセージが報告される場合は、インストールや環境設定を見直してください。問題が発生した場合は、付録 B「トラブルシューティング」を参照してください。

開発用サーバー起動するとターミナルに次のように表示されます（詳細は環境によって異なります）。

```
djstart¥myhello>python manage.py runserver
Watching for file changes with StatReloader
Performing system checks...

System check identified no issues (0 silenced).

You have 18 unapplied migration(s). Your project may not work properly until you
apply the migrations for app(s): admin,
 auth, contenttypes, sessions.
Run 'python manage.py migrate' to apply them.
May 28, 2023 - 15:28:56
Django version 4.2.1, using settings 'myhello.settings'
Starting development server at http://127.0.0.1:8000/
Quit the server with CTRL-BREAK.
```

上のリストの最後に示した「Quit the server with CTRL-BREAK.」が表示されたら、Web ブラウザを起動して、アドレスバーに http://localhost:8000 または http://127.0.0.1:8000/ と入力してください。

次の図のようなページが表示されるはずです。

図2.2●初期プロジェクトで表示されるページ

この章のサンプルおよび第 3 章〜第 5 章で取り上げるサンプルでは、サイトのアイコン（favicon.ico）を設定していないために、サーバーに「Not Found: /favicon.ico」と表示されます。サイトのアイコンの設定の方法は第 6 章〜第 7 章で説明する gourmet（グルメ）サイトの説明を参照してください。

Note

　サーバーを停止するときには、サーバーを起動したターミナルで Ctrl キーを押しながら C キーを押して終了します。キーを押してもすぐにサーバーが停止しない場合がありますが、その場合は長めに押してください。

◆ ポートの変更

　http://localhost:8000 または http://127.0.0.1:8000/ の 8000 は、接続するときに使うポート番号を表します。このポート番号はサーバーを起動するときに変更可能で、たとえばポート番号を 8080 にしたいときには、コマンドの最後にポートを指定した次のような形式でサーバーを起動します。

```
>python manage.py runserver 8080
```

　ポートを 8080 に変更したときには、http://localhost:8080 または http://127.0.0.1:8080/ を Web ブラウザのアドレスフィールドに入力してページを表示します。

2.2 関数版 Hello

ここでは、Python の関数を呼び出すという方法を使って、クライアントにレスポンスとしてページの内容を返すシンプルなアプリケーションを作成します。

◆ 作成するアプリケーション

プロジェクトのファイルが生成され、サイトを Web ブラウザに表示できることがわかったので、次にアプリケーションのファイルを生成して実装します。

ここでは、Web ブラウザから URL で http://localhost:8000/hello がリクエストされると、Web ブラウザに次のように「Hello Django」と日時が表示されるページの情報を、サーバーからのレスポンスとして返すアプリケーションを作成します。

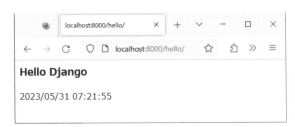

図2.3●helloをWebブラウザに表示した状況

◆ settings.py の編集

設定ファイル settings.py にはさまざまな設定が記述されていますが、ここでは言語（LANGUAGE_CODE）とタイムゾーン（TIME_ZONE）を変更します。

settings.py をテキストエディタで開いて、次の行を探します。

リスト 2.1 ● myhello/myhello/settings.py（部分、変更前）

```
LANGUAGE_CODE = 'en-us'


TIME_ZONE = 'UTC'
```

これらを次のように変更します（変更点を太字で示します）。

リスト 2.2 ● myhello/myhello/settings.py（部分、変更後）

```
LANGUAGE_CODE = 'ja'

TIME_ZONE = 'Asia/Tokyo'
```

◆ URL の追加

次に、「Hello Django!」を表示する URL を urls.py に追加します。テキストエディタで urls.py を開いて、以下に太字で示す部分を追加します。

リスト 2.3 ● myhello/myhello/urls.py

```
from django.contrib import admin
from django.urls import path
from .views import hellofunc

urlpatterns = [
    path('admin/', admin.site.urls),
    path('hello/', hellofunc),
]
```

これは、Web ブラウザから localhost:8000/hello/ というページをリクエストすると、views.py というモジュールからインポートした hellofunc という関数を呼び出すようにします。あらかじめ記載されている「path('admin/', admin.site.urls),」は localhost:8000/admin/ というページをリクエストすると管理画面が表示されるようにする設定ですが、このプロジェクトでは使いません。

　このようにするとどのようにしてページの情報が返されるのか、ということについての詳細を知る必要はありません。背後で行われていることの詳細を知らずにブラックボックスとして扱って良いということが、フレームワークを使うひとつの利点です。

◆ ビューの追加

　ユーザーがページをリクエストした応答として Web ブラウザに表示するレスポンスを返す関数を、ビュー（view）に記述します。新しいテキストファイル views.py を作成して、次のインポート文と関数を記述します。

リスト 2.4 ● myhello/myhello/views.py

```
from django.http import HttpResponse
import datetime

def hellofunc(request):
    now = datetime.datetime.now()
    s = '<h3>Hello Django</h3><p>'
    s += now.strftime('%Y/%m/%d %H:%M:%S') + '</p>'
    return HttpResponse(s)
```

　このファイルでは、1 行目で django.http から HTTP レスポンスのための HttpResponse をインポートし、2 行目で Python の日付時刻に関するモジュールである datetime をインポートします。

　関数 hellofunc() の中では、

- 現在時刻を取得し、（5 行目）
- レベル 3 の見出しとして文字列 '<h3>Hello Django</h3><p>' を変数 s に保存し、（6 行目）
- now.strftime() で書式を整えた日付時刻文字列をつなげて変数 s に保存し、（7 行目）
- その文字列を HttpResponse() を使って HTTP レスポンスとしてクライアントに送り返します。（8 行目）

　ここでは「Hello Django!」をレベル 3 の見出し（<h3> タグの内容）として、さらに現在の日時を表示するようにしましたが、任意のテキストか、あるいはより長い HTML ドキュメント文字列にしてもかまいません。

この関数が行うことは、次の HTML ファイルをクライアントにレスポンスとして送り返すことと同じです。

<h3>Hello Django</h3>

<p> 年 / 月 / 日 時 : 分 : 秒 </p>

ファイルを保存したら、manage.py があるサブディレクトリで次のコマンドを実行して開発用サーバーを起動します。

```
>python manage.py runserver
```

Web ブラウザで localhost:8000/hello を閲覧すると、図 2.3 のように表示されるはずです。

2.3 クラス版 Hello

前節では関数を呼び出す方法でページのレスポンスを返すコードを使いましたが、ここではクラスを使ってページのデータを送り返す方法を説明します。

◆ 作成するページ

ここでは、これまで作ってきたプロジェクトにコードを追加して、Web ブラウザから URL で localhost:8000/hellocls/ がリクエストされると、Web ブラウザに次のように表示されるページの情報をレスポンスとして返すアプリケーションにします。

図2.4●helloclsをWebブラウザで表示した状況

◆ URL の追加

「Django でらくちんサイト作成」という新しいページを表示する URL を urls.py に追加します。テキストエディタで urls.py を開いて、次に示す太字部分を追加します。

リスト 2.5 ● myhello/myhello/urls.py

```
from django.contrib import admin
from django.urls import path
from .views import hellofunc, HelloCls

urlpatterns = [
    path('admin/', admin.site.urls),
    path('hello/', hellofunc),
```

```
        path('hellocls/', HelloCls.as_view()),
    ]
```

　これは、hellocls というページをリクエストすると、views.py の中にある HelloCls
というクラスをビューとして（**as_view()**）呼び出すようにします。

◆ ビューの追加

　ページをリクエストした結果として Web ブラウザに表示するレスポンスを返す関数
を、ビュー（view）に記述します。ファイル views.py を開いて TemplateView を継承す
る次のようなクラス HelloCls の定義を記述します。

リスト 2.6 ● myhello/myhello/views.py

```
from django.http import HttpResponse
import datetime
from django.views.generic import TemplateView

def hellofunc(request):
    now = datetime.datetime.now()
    s = '<h3>Hello Django</h3><p>'
    s += now.strftime('%Y/%m/%d %H:%M:%S') + '</p>'
    return HttpResponse(s)

class HelloCls (TemplateView):
    template_name = 'hello.html'
```

　TemplateView を継承するクラス HelloCls では、テンプレートの名前として（後で作
成する）hello.html を設定するだけですが、これで hello.html が表示されるようにな
ります。

◆ 設定の変更 ─────────────────────────◆

　プロジェクトがテンプレートを検索できるようにするために、ファイル settings.py を開いて TEMPLATES の 'DIRS': に「BASE_DIR / 'templates'」を追加します。

リスト 2.7 ● myhello/myhello/settings.py（部分）

```python
TEMPLATES = [
    {
        'BACKEND': 'django.template.backends.django.DjangoTemplates',
        'DIRS': [BASE_DIR / 'templates'],
        'APP_DIRS': True,
        'OPTIONS': {
            'context_processors': [
                'django.template.context_processors.debug',
                'django.template.context_processors.request',
                'django.contrib.auth.context_processors.auth',
                'django.contrib.messages.context_processors.messages',
            ],
        },
    },
]
```

　この TEMPLATES はこのファイルの真ん中あたりに定義されています。

　templates を置く場所は BASE_DIR の下と決まっているわけではありません。必要に応じて別の場所に置くこともできます。

◆ テンプレートファイルの作成 ···◆

まず、テンプレートを保存するディレクトリを、manage.py があるディレクトリに templates という名前で作成します。

```
>mkdir templates
```

Note　templates を置く場所はここと決まっているわけではありません。必要に応じて別の場所に置くこともできます。myhello/myhello/settings.py の「TEMPLATES」の「'DIRS'」で指定した場所に置くことができます。

そして、そこにテンプレートとして使う HTML ファイルを hello.html という名前で作成します。HTML ファイルの内容は自由ですが、ここでは次のようなファイルを作成してみましょう。

リスト 2.8 ● myhello/templates/hello.html

```html
<!DOCTYPE html>
<html lang="ja">
<head>
  <meta http-equiv="content-type" content="text/html; charset=utf-8" />
  <title>Djangoのサンプル</title>
</head>
<body style="background-color:lightcyan;">
  <h1>Djangoでらくちんサイト作成</h1>
  <p>ジャンゴ・ラインハルトを聴いてみよう！</p>
</body>
```

すべてのファイルを保存してから、manage.py があるディレクトリでコマンド「python manage.py runserver」を実行し、localhost:8000/hellocls をリクエストすると、図 2.4 のページを Web ブラウザで開くことができます。

2.4　インデックスページの作成

　HTML を表示する方法がわかったので、前節で説明した方法を使って次のようなホームページ（インデックスページ）を作ってみましょう。

図2.5●インデックスページ

◆ URL の追加

　URL パターンに '' （空文字列）を指定してインデックスページを表示する URL を、urls.py に追加します。

リスト 2.9 ● myhello/myhello/urls.py

```python
from django.contrib import admin
from django.urls import path
from .views import hellofunc, HelloCls, IndexCls

urlpatterns = [
    path('admin/', admin.site.urls),
    path('hello/', hellofunc),
    path('hellocls/', HelloCls.as_view()),
    path('', IndexCls.as_view()),
]
```

　これで、http://localhost:8000/ というようにサブディレクトリを指定せずにトップページを指定すると、IndexCls というクラスをビューとして呼び出すようにします。

◆ ビューの追加

ファイル views.py を開いて TemplateView を継承する次のようなクラス IndexCls の定義を追加します。

リスト 2.10 ● myhello/myhello/views.py

```python
from django.http import HttpResponse
from django.views.generic import TemplateView

def hellofunc(request):
    return HttpResponse('<h1>Hello Django!</h1>')

class HelloCls (TemplateView):
    template_name = 'hello.html'

class IndexCls (TemplateView):
    template_name = 'index.html'
```

◆ テンプレートファイルの作成

templates ディレクトリにインデックスページのテンプレートとして使う HTML ファイルを index.html という名前で作成します。ここでは、<a> タグを使って先に作ったふたつのページをリンクしてみました。

リスト 2.11 ● templates/index.html

```html
<!DOCTYPE html>
<html lang="ja">
<head>
  <meta lang="ja" />
  <meta http-equiv="content-type" content="text/html; charset=utf-8" />
  <title>Djangoのサンプル</title>
</head>
<body style="background-color:lightcyan;">
  <h1>Djangoでらくちんサイト作成</h1>
  <p><a href="./hello/">Hello Django!のページ</a></p>
```

```
    <p><a href="./hellocls/">ジャンゴ・ラインハルトのページ</a></p>
</body>
```

　manage.py があるサブディレクトリでコマンド「python manage.py runserver」を実行して Web ブラウザから http://localhost:8000/ を要求すると、図 2.5 に示したインデックスページを Web ブラウザで開くことができ、先に作ったページにジャンプすることができます。

2.5　Django サイトの仕組み

　この章では最もシンプルなサイトを作成しましたが、ここでは構成や役割を見返してみることにします。

◆ ファイルの役割 ·· ◆

　クライアントと Django のファイルの関係を図 2.6 に示します。

　最初にクライアントはサーバーに URL を HTTP リクエストの形でリクエストします。

　Django では、urls.py の中に記述された urlpatterns の中から URL として指定されたパターンと一致するパターンを探し、その結果に応じて適切な関数（たとえば hellofunc）やクラス（HelloCls、IndexCls）をビューとして（as_view()）クライアントに HTTP レスポンスとして返します。

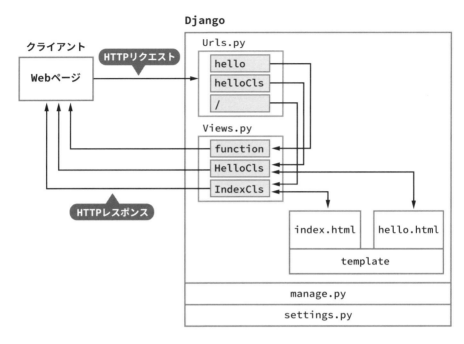

図2.6●クライアントとDjangoのファイルの関係

HelloCls や IndexCls のようなクラスは、template ディレクトリに保存した HTML フ
ァイルをテンプレートとして返し、それを views.py が HTTP レスポンスとして Web ク
ライアントに送ります。

manage.py はこれらの動作を行うための最初の関数である main() を実行して、必要な
設定を行ってから適切な関数やクラスを呼び出すようにします。

settings.py はこれら全体に関連する設定情報を管理します。

この章の例では、HTTP リクエストと HTTP レスポンス、および Web ブラウザに返さ
れるページに関することだけを取り上げました。これをベースとしてさらにデータベー
スのデータやユーザーの認証などの機能を追加してゆくことでより本格的なサイトを作
成することができます。第 3 章以降ではより大きな Web アプリケーションを題材として
それらについて解説しますが、Django での開発で行う主な作業をまとめておくと次のよ
うになります。

- プロジェクトを作成する
- アプリケーションを作成する
- モデル（データの定義）を作成する
- ビューを作成する（基本的にはテンプレートとしての HTML を作成する）
- URL をビューと関連付ける

これに加えて、必要に応じてその Web サイトで提供するデータをデータベースに登録します。

それ以外のことはブラックボックスを利用すると考えることで、問題を単純にすることができます。

◆ manage.py

この章および以降の章でたびたび出てくるファイル manage.py は、プロジェクトのさまざまな操作を行うための関数 main() を含むモジュールです。

リスト 2.12 ● manage.py

```python
#!/usr/bin/env python
"""Django's command-line utility for administrative tasks."""
import os
import sys


def main():
    """Run administrative tasks."""
    os.environ.setdefault('DJANGO_SETTINGS_MODULE', 'myhello.settings')
    try:
        from django.core.management import execute_from_command_line
    except ImportError as exc:
        raise ImportError(
            "Couldn't import Django. Are you sure it's installed and "
            "available on your PYTHONPATH environment variable? Did you "
            "forget to activate a virtual environment?"
        ) from exc
    execute_from_command_line(sys.argv)
```

```
if __name__ == '__main__':
    main()
```

　プログラムが起動すると、このモジュールの main() からプログラムの実行が始まり、settings.py に記述された内容をもとに環境を設定するコードを実行します。また、起動時に指定されたオプションに従って、サーバーを起動したり、シェルを起動したり、テストしたりします。

　基本的な Django アプリケーションを作成しているときにこのファイルを変更する必要はありません。そのため、このファイルの内容詳細について知る必要もありません。

第 3 章

データモデル

Django を使って開発するアプリケーションでは原則としてデータはデータベースに保存します。この章では最初にデータベースについて概説し、データベースとモデルのクラスを使ってアプリケーションとデータベースを作成する方法について解説します。

3.1　データベース

データベース（Database）は、多数のデータを一定の構造で保持し、管理するための
ものです。

◆ データベース ◆

プログラミングの世界では、一般にデータベースと呼ぶものの実態は、データを組織
的に管理するソフトウェアと一連の一定の構造を持ったデータ全体を指します。ここで、
データを組織的に管理するソフトウェアとは、データを登録したり検索したりするため
の基本的なソフトウェアのことです。また、このときのデータとは、無秩序な情報の集
積ではなく、特定の構造を持つ特定の種類の情報を指します。データベースのデータは、
無秩序な情報の集まりではなく、必ず一定の構造として扱うことができる特定の種類の
データであるという点は重要です。

データベースはたくさんのデータを保存して管理するものであると考えられがちです
が、雑多なデータをただ集めただけのものはデータベースとは言いません。データベー
スのデータは、特定の種類のデータで一定の構造を持ちます。

一定の構造をもつように整理できるデータのほとんどは、データベースシステムに保
存されます。住所録や不動産の情報のような台帳に記載するようなデータはもちろん、
それ以外のデータも整理されてデータベース保存されることがよくあります。たとえば、
ブログや Web サイトの構築にもデータベースが使われていて、コンテンツデータ（記事
のタイトルや内容など）をデータベースに保管するケースが増えています。

◆ データベース管理システム ◆

データを登録したり検索したりするソフトウェアを、データベース管理システム
（DataBase Management System、DBMS）といいます。

DBMS は、データを効率よく操作するためのソフトウェアです。DBMS は Python や
C# のようなプログラミング言語を使って活用することができますが、多くの場合、それ
自身のユーザーインタフェースを備えていて、それ自身を使ってデータベースを操作す

ることができます。たとえば、データベース管理システムのコマンドを使って、データを登録したり、削除したり、検索したり、集計することができます。

　なお、データベースというオブジェクト（もの）は、すでに説明したように、ある種のデータが一定の構造で集められているもののことです。また、データベースという言葉がデータベース管理システム（DBMS）を指すこともあります。さらに、しかし、データベースという言葉が、データベース管理システムとデータを含む全体を指す言葉として使われることもよくあります。

◆ データベースの構造

　データベースは、一般に、テーブル（Table、表）で構成されています。テーブルは、フィールド（カラム、列、項目ともいう）とレコード（行ともいう）で構成されています。つまり、データベースのテーブルは表の形式でデータを保存するものとみなすことができます。

　実際には、データベースのデータは、ディスクファイルのような保存媒体に表の形で保存されているわけではありません。しかし、データベースを扱う時にはテーブルをイメージすると理解しやすくなります。

　データベースの最小のデータ単位はフィールド（Field）です。複数のフィールドで、ひとつのレコード（Record）を構成します。レコードは基本的なアクセス単位です。

　複数のレコードをまとめたものがテーブル（Table）です。

図3.1●テーブル、レコード、フィールド

　一般的には、ひとつのデータベースには、複数のテーブルを保存することができます。

　データベース管理システムは、このような構造をベースにして、レコードやフィールドの検索、並べ替え、再結合などの一連の操作を行うことができるようにします。

　データベースで、現在参照しているレコードを**カレントレコード**（Current Record）といいます。カレントレコードはデータベースプログラミングで重要な概念です。

　データベースで、現在参照しているレコードを指すオブジェクトを**カーソル**（Cursor）といいます。

　つまり、カーソルが指している位置のレコードが現在操作の対象としているレコードであり、カーソルを移動することによって操作の対象するレコードを変更することができます。

　データベースの特定のレコードを識別するフィールドデータを**キー**（Key）といいます。テーブルの中のある1個のレコードを明確に識別するためには、原則として、**主キー**（プライマリキー、Primary Key）が必要です。主キーはレコードを明確に区別するために使われるので、主キーの値はレコードごとに異なっていなくてはならず、重複してはなりません。なお、例外的に、主キーに相当する値を重複できるようにしたデータベースもあります。そのようなデータベースではレコードの番号などで個々のレコードを識別します。

　一般的には、主キーのほかにテーブルに複数のキーを定義することができます。主キー以外のキーは、ほとんどの場合、重複できます（詳細はデータベースによって異なります）。

　キーとなるデータのフィールドを、**キーフィールド**（Key Field）といいます。

　データベースには、数値や文字列などを保存することができますが、ひとつのフィールドの型は一定でなければなりません。たとえば、あるフィールドを数値で定義したら、そのフィールドの値はすべて数値でなければなりません。ひとつのフィールドに数値と文字列のような異なるデータ型を混在させることはできません。たとえば、あるフィールドに「A0123」のようなアルファベット文字を含む表現を使いたい場合には、そのフィールドは、文字と数値が混在したフィールドではなく、文字列のフィールドとして定義します。

◆ リレーショナルデータベース

　データを一定の構造に整理して複数のテーブル（表）形式で保存し、テーブル相互に関連性を持たせたデータベースを、**リレーショナルデータベース**（Relational DataBase）といいます。

　リレーショナルデータベースの基本的な機能を提供するソフトウェアを**リレーショナルデータベース管理システム**（Relational DataBase Management System、RDBMS）といいます。

　たとえば、売上テーブルと顧客テーブルからなる販売管理データベースでは、売上テーブルの売り上げ先の顧客 ID と顧客テーブルの顧客 ID との間に関連性を持たせます。このような関連性を**リレーションシップ**（Relationship）または**リレーション**（Relation）といいます。

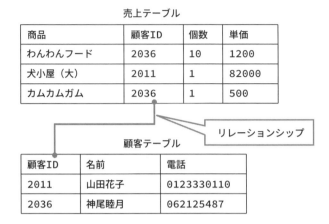

売上テーブル

商品	顧客ID	個数	単価
わんわんフード	2036	10	1200
犬小屋（大）	2011	1	82000
カムカムガム	2036	1	500

リレーションシップ

顧客テーブル

顧客ID	名前	電話
2011	山田花子	0123330110
2036	神尾睦月	062125487

図3.2●リレーションシップ

　関連付けるテーブルは2個以上、いくつでも構いません。大規模なデータベースでは多数のテーブルを定義して、相互に関連付けを行います。このテーブルの定義とテーブル間の関連付けを考えることは、データベースの設計の重要な仕事の一つです。

　リレーショナルデータベースでは、同じデータを複数のテーブルに持たないようにしたり、さまざまな種類のデータを別のテーブルに分けて管理することで、データアクセスや検索などの効率を良くしたり、プログラムの生産性を高めることができます。上の図の例では、売り上げテーブルに顧客の名前を登録する代わりに顧客IDを登録することで、具体的な「名前」というデータを複数のテーブルに持たせないようにしています。

　データベースで、同じ情報を重複して保存すること（冗長性）を排除することを**正規化**（Normalization）といいます。

◆ データベースの完全性 ....◆

　データベースのデータは、内容に矛盾がなく、利用する際に問題が発生しないようにしなければなりません。このことは特にリレーショナルデータベースで重要で、関連するテーブル間のデータで過不足や不一致がないようにしなければなりません。たとえば、商品の売上情報を保存する売上テーブルと購入者の情報を保存する顧客テーブルがある販売管理データベースで、顧客テーブルの顧客を削除したら、それに関連する売り上げ

情報も削除しなければなりません。そうしないと、売った先が不明である売り上げが発生してしまいます。

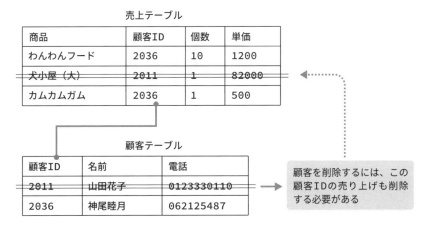

売上テーブル

商品	顧客ID	個数	単価
わんわんフード	2036	10	1200
~~犬小屋（大）~~	~~2011~~	~~1~~	~~82000~~
カムカムガム	2036	1	500

顧客テーブル

顧客ID	名前	電話
~~2011~~	~~山田花子~~	~~0123330110~~
2036	神尾睦月	062125487

顧客を削除するには、この顧客IDの売り上げも削除する必要がある

図3.3●データベースの整合

◆ データベースの種類

　本書では、データベースとして、SQLite3 を使う例を示します。Django では、SQLite3 はデフォルトで使用可能なデータベースです。SQLite3 の最大の特徴は、データベースサーバーとしてのプロセスは必要なく、アプリケーションから容易にデータベースを扱うことができるという点です。また、Python のプログラムからも直接操作できます。

　SQLite3 は、一般的なデータの保存や管理には十分に役立ちます。しかし、他の SQL データベースに比べると実装されている機能が少なく、DBMS として本格的に使うには力不足の面があります。SQLite3 にない機能を使いたい場合には MySQL、PostgreSQL、MySQL、Oracle、CockroachDB、Firebird、Google Cloud Spanner、Microsoft SQL Server、Snowflake、TiDB、YugabyteDB などを使うとよいでしょう。これらも Django でサポートされています（詳細は Django とそれぞれのデータベースのドキュメントを参照してください）。

◆ モデルクラス

Django のアプリケーションでは、django.db.models.Model を継承するモデルクラスを介してデータベースのデータを利用できるようにします。

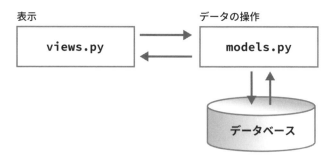

図3.4●モデルとデータベース

　　Django のアプリケーションでは、通常は models.py に記述する関数やモデルクラスを介してデータベースにアクセスしますが、データベースのシェルや Python のインタラクティブシェルからデータベースを操作することもできます。

3.2　アプリケーションの作成

この章の残りの部分では、データベースを使ってアプリケーションのデータを保存する Django のアプリケーションの基本的な部分を作成します。

◆ プロジェクトの作成

作成するサイトは、Django に関連する用語を表示する次のような Django 用語集サイトです。

図3.5●wdsiteの詳細ページ

新しいサイトを作成するために、新しいプロジェクト wdsite を作成します。
適切なディレクトリに移動して、以下のコマンドを実行してください。

```
>django-admin startproject wdsite
```

上のコマンドでうまくいかない場合は、次のように入力してください。

```
>python -m django startproject wdsite
```

次のようなディレクトリとファイルが生成されます（ディレクトリ名が異なるほかは
第2章の初期プロジェクトと同じ内容です）。

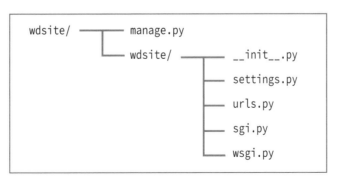

図3.6●初期プロジェクトの構成

◆ アプリケーションの作成 ··◆

　プロジェクトの中に新しいアプリケーションを作成します。第 2 章でやったように、プロジェクトの中に直接サイトを作ることもできますが、ひとつのプロジェクトには複数のアプリケーションを作成して管理できるので、プロジェクトの中のアプリケーションとしてサイトを構成するのが Django では一般的です。

　ここでは、新しいアプリケーションの名前は wdapp にします。たくさんのサブディレクトリを使うので、アプリケーションであることをわかりやすくするために、ここではあえて app という名前を入れています。

　アプリケーションを作るには、manage.py があるディレクトリに入って、startapp とアプリケーション名を指定して python manage.py を実行します。

```
>cd wdsite
>python manage.py startapp wdapp
```

　次のようなディレクトリとファイルが生成されます。

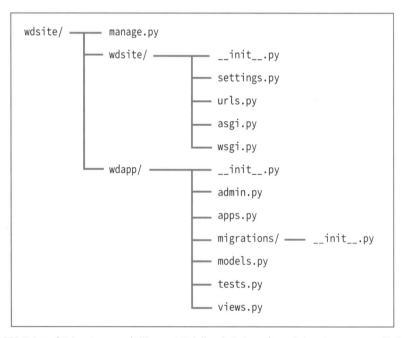

図3.7●アプリケーションの初期ファイルを作ったときのディレクトリとファイルの構成

　wdsite/wdsite/settings.py を編集して言語とタイムゾーンを次のように指定しておきます。

リスト 3.1 ● wdsite/wdsite/settings.py（部分）

```
LANGUAGE_CODE = 'ja'

TIME_ZONE = 'Asia/Tokyo'
```

　ここで manage.py があるディレクトリで「python manage.py runserver」を実行して Web ブラウザから http://localhost:8000/ を要求すると、デフォルトのページが表示されるはずです。

◆ ビューの作成

　単純なビューを作成します。wdsite/wdapp/views.py を開いて、index ページ用に次のようなコードを書きます。

リスト 3.2 ● wdsite/wdapp/views.py

```
from django.shortcuts import render
from django.http import HttpResponse

def index(request):
    return HttpResponse("Django用語集")
```

◆ URL の設定 ··· ◆

アプリケーションの index ページのための URL を設定します。wdsite/wdapp/urls.py を作成して、以下の Python コードを書いてください。

リスト 3.3 ● wdsite/wdapp/urls.py

```python
from django.urls import path

from . import views

urlpatterns = [
    path("", views.index, name="index"),
]
```

プロジェクト wdsite を作成したときに wdsite/wdapp/urls.py が自動的に生成されたので、ひとつのプロジェクトに urls.py という同じ名前のファイルがふたつできた点に注意してください。Django のプロジェクトは、異なるディレクトリに同じ名前のファイルを保存することがよくあります。ファイルを編集するときに対象のファイルを間違えないようにしましょう。

さらに、wdsite/wdsite/urls.py に記述を追加します（以下の太字部分）。

リスト 3.4 ● wdsite/wdsite/urls.py

```python
from django.contrib import admin
from django.urls import include, path

urlpatterns = [
    path("wdapp/", include("wdapp.urls")),
    path("admin/", admin.site.urls),
]
```

これで、サイトの URL のパターン（wdsite.urls にある urlpatterns）は、アプリの URL のパターン（wdapp.urls にある urlpatterns）をインクルードすることになります。

次のコマンドを実行して、サーバーを起動します。

```
>python manage.py runserver
```

　ブラウザで http://localhost:8000/wdapp/ にアクセスすると、仮の用語集のページが表示されるはずです。

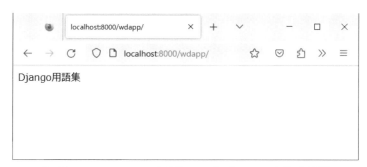

図3.8●wdappのDjango用語集インデックスページ（初期状態）

Note

この段階で http://localhost:8000/ を要求してもページは表示されません。

　ここで Ctrl キーを押しながら C キーを押して、いったんサーバーを停止します。

◆ アプリケーションの設定 ◆

　wdsite/wdsite/settings.py の中の INSTALLED_APPS にアプリケーションを構成するクラスを追加することで、アプリケーションをプロジェクトに含めます。WdappConfig クラスは wdapp/apps.py にあるので、ドットでつないだパスを次の太字部分に示すように追加します。

リスト 3.5 ● wdsite/wdsite/settings.py

```
INSTALLED_APPS = [
    "wdapp.apps.WdappConfig",
    'django.contrib.admin',
```

```
    'django.contrib.auth',
    'django.contrib.contenttypes',
    'django.contrib.sessions',
    'django.contrib.messages',
    'django.contrib.staticfiles',
]
```

3.3　データモデルの設定

次に、データベースを設定してデータモデルを定義します。

作成するデータベース

ここで作成するデータベースの中には、次のような2個のテーブルを作成することをイメージしてください。

id	entry_text （見出し語）	body_text （意味）	mod_date （日付）	authors （著者）

図3.9●Djwordテーブルのイメージ

id	name （氏名）	email （メール）

図3.10●Authorテーブルのイメージ

実際にはデータベースのテーブルはあとの作業で Django が自動的に生成するので、上のイメージと完全に一致ししているわけではありませんが、テーブルのイメージを頭の中に作っておくと以降のことが理解しやすくなるでしょう。

Note

　あとでもう一度説明しますが、キーフィールド id は明示的に定義しなくても個々のレコードを管理できるように Django が自動的に生成します。

◆ データベースの設定と作成

このアプリケーションでは SQlite3 を使うので、wdsite/wdsite/settings.py を開いて DATABASES の設定が次のように SQLite3 を使う設定になっていることを確認します。

リスト 3.6 ● wdsite/wdsite/settings.py（部分）

```python
DATABASES = {
    'default': {
        'ENGINE': 'django.db.backends.sqlite3',
        'NAME': BASE_DIR / 'db.sqlite3',
    }
}
```

◆ モデルの作成

ここでデータのクラスを表すモデルを定義します。

これから開発する簡単な wdapp アプリケーションでは、先に示したテーブルのイメージを持つ Djword と Author の 2 つのモデルを Python のクラスとして作成します。各クラスには、django.db.models を継承する適切なフィールドのクラスを使います。

表3.1●主なフィールドのクラス

種類	解説
CharField	文字列のフィールド。max_lengthの指定は必須。
TextField	CharFieldより多くのテキストを扱うためのフィールド。
DateField	日付のフィールド。
ForeignKey	外部キーを表すフィールド。
EmailField	Eメールのためのフィールド。

Note

モデルのフィールドについての詳しい情報は、下記のサイトにあります。

https://docs.djangoproject.com/ja/4.2/ref/models/fields/

　Djword クラスには、entry_text、body_text、mod_date、authors と、エントリーのテキストを返す __str__() を定義します。Author には、name と email および名前のテキストを返す __str__() を定義します。

　wdapp/models.py ファイルを以下のように編集します。

リスト 3.7 ● wdsite/wdapp/models.py

```python
from django.db import models
from datetime import date

class Djword(models.Model):
    entry_text = models.CharField('語句', max_length=100)
    body_text = models.TextField('意味')
    mod_date = models.DateField('更新日', default=date.today)
    authors = models.ForeignKey(Author, verbose_name='著者', on_delete=models.
PROTECT)

    def __str__(self):
        return self. entry_text

class Author(models.Model):
    name = models.CharField('氏名', max_length=200)
```

```
        email = models.EmailField('Eメール')

        def __str__(self):
            return self.name
```

　図に示した id はこれらのクラスのフィールドとしては定義しません。これは Django がデータベース定義を作成するときに自動的に作成します。

　Djword テーブル（クラス）には以下のフィールドを定義します。

```
entry_text = models.CharField('語句', max_length=100)
```

　entry_text は用語の見出しのフィールドで、長さが最大で 100 の文字のフィールドにします。

　このフィールドの名前（entry_text）は Python のコードで使うとともに、データベースでも列の名前として使われます。なお、各フィールドの最初の位置の引数にわかりやすいフィールド名を指定する（この場合は ' 語句 '）と、あとで名前がわかりやすくなります。

```
body_text = models.TextField('意味')
```

　body_text は用語の意味のフィールドです。

```
mod_date = models.DateField('更新日', default=date.today)
```

　mod_date はデータを登録したか更新した日付で、デフォルトでその日（default=date.today）を指定します。

```
authors = models.ForeignKey(Author, verbose_name='著者',
            on_delete=models.PROTECT)
```

authors はその項目を書いた著者で、このフィールドには、ForeignKey を使って
Author テーブル（クラス）との間にリレーションシップを定義します。このフィールド
には関連を定義するので、わかりやすいフィールド名は指定しません。

「on_delete=models.PROTECT」は、このフィールドに関連付けられたデータが存在する
場合はデータを削除できないようにします。

Author テーブル（クラス）には、以下のフィールドを定義します。

```
name = models.CharField('氏名', max_length=200)
```

name は著者の名前のためのフィールドです。

```
email = models.EmailField('Eメール')
```

email は E メールのためのフィールドですが、これは CharField にしないで
EmailField を使います。こうすることで、たとえば管理画面で @ を含まない無効なアド
レスを入力すると「有効なメールアドレスを入力してください。」というメッセージを
Django が自動的に表示するようになります。

◆ テーブルの作成

モデルを作成したことを反映するために次のコマンドを実行します。

```
>python manage.py makemigrations wdapp
```

これはデータベースのマイグレーション（移行）のために必要な情報を生成します（結
果はデータベースに保存されます）。

問題なければ次のように表示され、migrations ディレクトリが作成される（既に作成
されていれば内容が更新される）でしょう。

```
>python manage.py makemigrations wdapp
Migrations for 'wdapp':
  wdapp¥migrations¥0001_initial.py
    - Create model Author
    - Create model Djword
```

　モデル（models.py）からデータベースのテーブルを作成するために、さらに次のコマンドを実行します（実際のマイグレーションが行われます）。

```
>python manage.py migrate
```

　models.py に記述したコードに間違いがなければ、次のように一連の情報が表示されるはずです。

```
>python manage.py migrate
Operations to perform:
  Apply all migrations: admin, auth, contenttypes, sessions, wdapp
Running migrations:
  Applying contenttypes.0001_initial... OK
  Applying auth.0001_initial... OK
  Applying admin.0001_initial... OK
  Applying admin.0002_logentry_remove_auto_add... OK
  Applying admin.0003_logentry_add_action_flag_choices... OK
  Applying contenttypes.0002_remove_content_type_name... OK
  Applying auth.0002_alter_permission_name_max_length... OK
  Applying auth.0003_alter_user_email_max_length... OK
  Applying auth.0004_alter_user_username_opts... OK
  Applying auth.0005_alter_user_last_login_null... OK
  Applying auth.0006_require_contenttypes_0002... OK
  Applying auth.0007_alter_validators_add_error_messages... OK
  Applying auth.0008_alter_user_username_max_length... OK
  Applying auth.0009_alter_user_last_name_max_length... OK
  Applying auth.0010_alter_group_name_max_length... OK
  Applying auth.0011_update_proxy_permissions... OK
```

```
Applying auth.0012_alter_user_first_name_max_length... OK
Applying sessions.0001_initial... OK
Applying wdapp.0001_initial... OK
```

これでデータベースができます。

　何かエラーが報告されたら models.py のどこかに間違いがある可能性が高いといえます。もう一度よく確認してみましょう。

◆ 作成されたデータベース

　作成されたデータベースを SqLite3 のシェルで調べることができます。データベースのシェルは、OS のプロンプトから次のように入力して起動することができます。

```
>python manage.py dbshell
SQLite version 3.26.0 2018-12-01 12:34:55
Enter ".help" for usage hints.
sqlite>
```

テーブルを表示するには SQL の SELECT 文を使います。

```
sqlite> SELECT name FROM sqlite_master WHERE type='table';
```

　SQL については本書では解説しません。必要に応じて他のリソースを参照してください。

次のように表示されるでしょう。

```
sqlite> SELECT name FROM sqlite_master WHERE type='table';
django_migrations
sqlite_sequence
auth_group_permissions
auth_user_groups
auth_user_user_permissions
django_admin_log
django_content_type
auth_permission
auth_group
auth_user
django_session
wdapp_author
wdapp_djword
```

　models.py で定義したふたつのクラスに対応するテーブル wdapp_author と wdapp_djword 以外にも多数のテーブルが自動的に作成されていることがわかります。これらのテーブルの詳細についてこの段階でこれ以上知る必要はありませんが、マイグレーションの情報をはじめとする様々な情報がデータベースに保存されるようになっているということは覚えておくと良いでしょう。

　SqLite3 のシェルを終了するには「.exit」を実行します

```
sqlite> .exit
```

SqLite3 のシェルを明示的に起動したいときには、OS のプロンプトから「sqlite3」
を入力して起動します。

```
>sqlite3
SQLite version 3.26.0 2018-12-01 12:34:55
Enter ".help" for usage hints.
Connected to a transient in-memory database.
Use ".open FILENAME" to reopen on a persistent database.
```

　この方法を使う場合は、SqLite3 のシェルが起動してから「.open」でデータベー
スファイル名を指定してデータベースに接続します。ここでは、データベースファイ
ル名は db.sqlite3 です。

```
sqlite> .open db.sqlite3
```

第4章

管理画面

　この章では、作成中の wdsite を材料にして、Django が提供している管理画面について解説します。

4.1　Django Admin

　Django では、コンテンツを編集するためにサイト管理者が利用するための管理画面が
提供されています。

◆ 管理ユーザーの作成 ·································· ◆

　管理画面を利用するには、管理ユーザー（スーパーユーザー）を作ります。manage.py
があるディレクトリで次のコマンドを実行してください。

```
>python manage.py createsuperuser
```

　そして、次のようにユーザー名とメールアドレス、パスワードを入力します。メール
アドレスは省略しても構いません。

```
>python manage.py createsuperuser
ユーザー名 (leave blank to use 'notes'): user
メールアドレス: user@abc.ca.jp
Password:
Password (again):
Superuser created successfully.
```

　サンプルファイルでは、ユーザー名として user、パスワードとして password を設定
しておきますが、もちろんこれは書籍のサンプルであるからで、実際のサイトでこのよう
なユーザー名やパスワードを使ってはなりません。
　なお、設定しようとするパスワードが短かったり単純だとメッセージが表示されま
す。たとえば、パスワードを password にすると次のようなメッセージが表示されるで
しょう。

> このパスワードは一般的すぎます。

そのことを承知していることを示すためには、Y キーを押して先に進みます。

```
Bypass password validation and create user anyway? [y/N]: y
```

◆ テーブルの追加

Wdapp のテーブルを管理画面で編集できるようにするために、ファイル wdapp/admin.py を開いて Djword オブジェクトと Author オブジェクトを admin に登録します。

リスト 4.1 ● wdapp/admin.py

```python
from django.contrib import admin
from .models import Djword, Author

admin.site.register(Djword)
admin.site.register(Author)
```

◆ ログイン

次に、manage.py があるディレクトリでサーバーを起動します。

```
>python manage.py runserver
```

そして、ブラウザを起動して localhost:8000/admin にアクセスします。すると、次の図に示すような Django の管理画面のログイン画面が表示されます。

図4.1●Djangoの管理画面のログイン画面

先ほど設定したユーザー名とパスワードを入力すると、管理画面が表示されます。

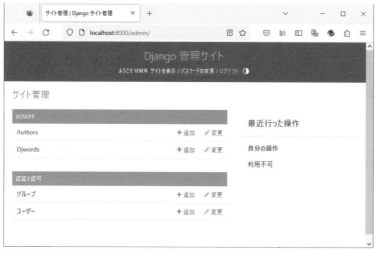

図4.2●Djangoの管理画面

◆ データの登録 ‥‥‥‥‥‥‥‥‥‥‥‥‥‥‥‥‥‥‥‥‥‥‥‥‥‥‥‥‥‥‥ ◆

管理画面の「WDAPP」の中の「Authors」をクリックすると、次のような画面になります。

図4.3●管理画面（2）

画面の右上の「AUTHOR を追加」をクリックします。「author を追加」画面になるので、著者を追加します。

図4.4●Djangoの管理画面（3）

　このフォームは Author モデルから自動的に生成されるもので、HTML 入力ウィジェットはモデルのフィールドの型に応じて適切に表示されます。

　［保存］ボタンをクリックすると、データが保存されて次のような画面になります。

図4.5●Djangoの管理画面（4）

　さらに著者のデータ（レコード）を追加してから、同様にして Djwords にも用語データを追加します。

　自分でプロジェクトを作成してみるか、あるいは、カットシステムのサイトからダウンロードできるプロジェクトを解凍して、サーバーを実行し、サイトの管理画面にアクセスして、さまざまなデータをサイト（データベース）に登録（追加）してみると良いでしょう。

図4.6●管理画面（5）

このときの Authors には、あらかじめ登録した著者をリストから選択できるようにな
っています。

こうしてサイトをテストするのに十分な数のデータを登録しておきます。

4.2　シェルからの操作

Python のインタラクティブシェルからデータベースを操作することもできます。

◆ シェルの起動

　データベースが作成されてテーブルもでき、データベースにデータを登録したので、このデータを Python のインタラクティブシェルから操作することができます。
　次のコマンドで Python のシェルを表示します。

```
>python manage.py shell
Python 3.11.3 (tags/v3.11.3:f3909b8, Apr  4 2023, 23:49:59) [MSC v.1934 64 bit
(AMD64)] on win32
Type "help", "copyright", "credits" or "license" for more information.
(InteractiveConsole)
```

　これで Python のシェルが起動しました。
　Python を起動するために単に「python」とせずに「python manage.py shell」とするのは、Python のインタラクティブシェルに Django の環境を設定するためです。

◆ データの操作

以下にいくつかのデータ操作の例を示します。

> **Note**　データをひとつずつ編集したり追加するのであれば管理画面で行ったほうが容易です。ここで紹介するコードは、たくさんのデータを一度に扱いたいときに使うとよいでしょう。

最初に、Author モデルと Djword モデルをインポートします。

```
>>> from wdapp.models import Author, Djword
```

次のようにしてデータを見ることができます。

```
>>> Djword.objects.all()
<QuerySet [<Djword: データベース>, <Djword: DBMS>, <Djword: RDB>]>
```

これで、Djword には「データベース」、「DBMS」、「RDB」が登録されていることがわかります。

```
>>> Author.objects.all()
<QuerySet [<Author: 椀子犬太>, <Author: 花岡実太>]>
```

これで、Author には、「椀子犬太」と「花岡実太」が登録されていることがわかります。

```
>>> Author.objects.filter(id=1)
<QuerySet [<Author: 椀子犬太>]>
>>> Author.objects.filter(id=2)
<QuerySet [<Author: 花岡実太>]>
```

Author の最初のレコードは「椀子犬太」、二番目のレコードは「花岡実太」であることがわかります。

次のようにすると、Djword の最初のレコードの意味（body_tex）や日付（mod_date）を調べることができます。

```
>>> q = Djword.objects.get(pk=1)
>>> q.body_text
'データベース（Database）は、多数のデータを一定の構造で保持し、管理するためのもの
です。'
>>> q.mod_date
datetime.date(2023, 6, 2)
```

　新しいレコードを作成して登録することもできます。次の例は Author に「海野里子」というレコードを登録します。

```
>>> q = Author(name='海野里子', email="sato@asd.ld.jp")
>>> q.save()
>>> Author.objects.all()
<QuerySet [<Author: 椀子犬太>, <Author: 花岡実太>, <Author: 海野里子>]>
```

　Author.objects.all() で、Author に「海野里子」というレコードを登録されたことがわかりました。
　Djword にも次のようにしてデータを追加することができます。

```
>>> from wdapp.models import Author, Djword
>>> from django.utils import timezone
>>> q = Djword(entry_text='ジャンゴ',
... body_text='ジャンゴ・ラインハルトはギタリストです。',
... mod_date=timezone.now(),
... authors = Author.objects.get(id=1))
>>> q.save()
```

　登録されているか見てみます。

```
>>> Djword.objects.all()
<QuerySet [<Djword: データベース>, <Djword: DBMS>, <Djword: RDB>, <Djword: ジャンゴ>]>
```

　著者をレコードに追加するために Djword.authors.add() を使っている点に注意してください。
　特定のレコードの ID は以下のコードで調べることができます。

```
dj = Djword.objects.get(entry_text='ジャンゴ')
dj.id
```

そして、Djwordのn番目のレコードを削除するなら、次のようにします。

```
a = Djword.objects.get(id=n)
a.delete()
```

◆ Django とデータベース

一般的には、データベースはアプリケーションが扱うデータを保存するために使いますが、Djangoでは、アプリケーションが扱うデータのほかに、プロジェクトやマイグレーションのデータ、管理画面や保護されているページへのログインのための情報などを保存するためにもデータベースを使います。

第3章ですでに説明したように、SqLite3のシェルからSQLという問い合わせ言語を使ってデータベースの内容を調べることができます。

第3章から第5章までで取り上げているwdsiteのデータベースファイルdb.sqlite3に作成されるテーブルの内容を調べた例は、次のとおりです（詳細はこれまでの操作方法によっては異なる場合があります）。

```
sqlite> SELECT name FROM sqlite_master WHERE type='table';
django_migrations
sqlite_sequence
auth_group_permissions
auth_user_groups
auth_user_user_permissions
django_admin_log
django_content_type
auth_permission
auth_group
auth_user
django_session
wdapp_author
wdapp_djword
```

Django用語集のサイトであるwdsiteの著者データwdapp_authorと、用語データ

wdapp_djword のテーブルのほかに、以下のものがデータベースファイルに含まれていることがわかります。

- マイグレーションのテーブル django_migrations
- シーケンス sqlite_sequence
- Auther のグールプのパーミッション auth_group_permissions
- Auther のユーザーグループ auth_user_groups
- Auther のユーザーのユーザーパーミッション auth_user_user_permissions
- 管理者のログ django_admin_log
- ジャンゴのコンテンツの種類 django_content_type
- Auther のパーミッション auth_permission
- Auther のグループ auth_group
- Auther のユーザー auth_user
- Django のセッション django_session の各テーブル

もちろんこれらの内容について詳細に知る必要はありませんが、興味があれば各テーブルのフィールドや Django のドキュメントなどを調べてください。

第5章

ビュー

　この章では、サイトの見た目や情報の表示方法を決定するビュー（View）に関連することについて作成中の wdsite を材料に解説します。

5.1 サイトのホームページ

ここでは、サイトのルートを開いたときにサイトのホームページが表示されるようにします。

◆ 作成するビュー ···◆

ここでは、HTLML ファイルをテンプレートとして使い、サイトのホームページを開いたときに次のようなページが表示されるようにします。

図5.1●サイトのホームページ

このページでは、サイト閲覧者が「Django 用語集」というリンクをクリックすると、localhost:8000/wdapp を開くようにします。

ビューとほかのモジュールとの関連は次のようになります。

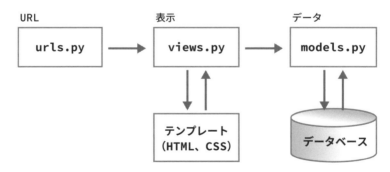

図5.2●ビューとほかのモジュールとの関連

　URL を介して要求されたリクエストに対して、モデルと関連しデータベースからデータを取得したりデータをビューに渡し、ビューは、（典型的には）テンプレートを使って内容を表示します。

◆ テンプレートの設定 ◆

　ここではテンプレートファイルを使って表示を行うようにします。その準備として、settings.py の中の TEMPLATES の 'DIRS' にテンプレートを検索する場所として「BASE_DIR / 'templates'」を追加します。

リスト 5.1 ● wdsite/wdsite/settings.py

```python
TEMPLATES = [
    {
        'BACKEND': 'django.template.backends.django.DjangoTemplates',
        'DIRS': [BASE_DIR / 'templates'],
        'APP_DIRS': True,
        'OPTIONS': {
            'context_processors': [
                'django.template.context_processors.debug',
                'django.template.context_processors.request',
                'django.contrib.auth.context_processors.auth',
                'django.contrib.messages.context_processors.messages',
            ],
        },
    },
]
```

　また、settings.py の INSTALLED_APPS に wdapp.apps.WdappConfig が追加されていることを確認してください。

```python
INSTALLED_APPS = [
    "wdapp.apps.WdappConfig",
    'django.contrib.admin',
    'django.contrib.auth',
```

```
    'django.contrib.contenttypes',
    'django.contrib.sessions',
    'django.contrib.messages',
    'django.contrib.staticfiles',
]
```

◆ URL の設定 ──────────────────────────────◆

localhost:8000/ がリクエストされたときにホームページを表示できるようにするために、ビューの URL を wdsite/wdsite/urls.py の中の urlpatterns に追加します。

リスト 5.2 ● wdsite/wdsite/urls.py

```
from django.contrib import admin
from django.urls import include, path
from . import views

urlpatterns = [
    path('', views.homeindex, name="homeindex"),
    path("wdapp/", include("wdapp.urls")),
    path('admin/', admin.site.urls),
]
```

localhost:8000/ のルートであることを示す「/」は、urlpatterns に追加した path の最初の行の空文字列「''」で表されます。

◆ ビューの作成 ──────────────────────────────◆

このあとで作成するテンプレートファイル wdsite/templates/index.html を読み込んでページとして作成（レンダリング）し、リクエストされたクライアントに返すことでホームページを表示できるように設定するために、wdsite/wdsite/ に次のような内容のファイル view.py を作成します。

リスト 5.3 ● wdsite/wdsite/view.py

```python
from django.shortcuts import render


def homeindex(request):
    return render(request, "wdsite/index.html", {})
```

◆ サイトの index.html

サイトの index.html は、テンプレートとしてたとえば次のように記述します。

リスト 5.4 ● wdapp/templates/wdsite/index.html

```html
<!DOCTYPE html>
<html lang="ja">
<head>
  <meta charset="utf-8" />
  <title>Djangoの用語集サイト</title>
  {% load static %}
  <link rel="stylesheet" href="{% static 'wdapp/style.css' %}">
</head>
<body>
  <div style="text-align: center;">
    <h1>Django用語集サイト</h1>
    <p><a href="./wdapp/">Django用語集</a></p>
  </div>
</body>
```

このファイルの内容のほとんどの部分は次の表に示すような基本的なHTMLタグです。

表5.1●index.htmlのタグ

タグ	意味
`<!DOCTYPE html>`	ドキュメントの種類がhtmlであることを示す。
`<html lang="ja">`	htmlドキュメントで言語が日本であることを示す。
`<head>`	ヘッダーであることを示す。

タグ	意味
`<meta charset="utf-8" />`	文字セットがutf-8であることを示すmetaタグ。
`<title>`	タイトルであることを示す。
`<link>`	クリックするとジャンプするリンクであることを示す。
`<body>`	HTMLのボディーであることを示す。
`<div>`	コンテンツを区分するタグ。ここでは中央揃えにするために使用。
`<h1>`	レベル1の見出しであることを示すタグ。
`<p>`	パラグラフ。ここでは「Django用語集」を表示するために使用。
`<a>`	リンクを示す。ここでは「Django用語集」がクリックされたときのリンクを示す。

　ここで Django のテンプレート機能を使っている部分は、{% load static %} の行と、`<link>` タグの中の href="{% static 'wdapp/style.css' %}" です。ページが表示されるときにこれらが機能してスタイルシートが検索されます。

　ここで作成するスタイルシートは wdapp/static/wdapp/ に作成する次に示すような style.css で、これは背景画像を表示します。

リスト 5.5 ● wdapp/static/wdapp/style.css

```
body {
  background: white url("images/background.png") ;
}
```

Note　ここでこれまでの結果を見るときには、サイトを表示する前にサーバーを再起動してください。

5.2 アプリケーションのインデックスページ

アプリケーションのインデックスページには用語一覧を表示します。

◆ 作成するビュー

ここでは、`localhost:8000/wdapp/` を要求すると次のような用語一覧を表示するようにします。

図5.3●アプリケーションのインデックスページ

◆ URL の設定

`localhost:8000/wdapp/` を指定されたら wdapp/urls.py をインクルードするようにしてあるか、wdsite/wdsite/urls.py の中の urlpatterns の URL を確認します。

リスト 5.6 ● wdsite/wdsite/urls.py

```python
from django.contrib import admin
from django.urls import include, path
from . import views

urlpatterns = [
    path('', views.homeindex, name="homeindex"),
```

```
    path("wdapp/", include("wdapp.urls")),
    path('admin/', admin.site.urls),
]
```

wdsite/wdapp/urls.py では、wdappのルート要素を要求されたとき index を開くように、次のようになっているはずです。

リスト 5.7 ● wdsite/wdapp/urls.py

```
from django.urls import path

from . import views

urlpatterns = [
    path("", views.index, name="index"),
]
```

◆ ビューの作成

このあとで作成する wdapp/index.html を読み込んでページとして作成（レンダリング）し、リクエストされたクライアントに返すように、wdsite/wdapp/view.py を編集します。

リスト 5.8 ● wdsite/wdapp/view.py

```
from django.shortcuts import render
from django.http import HttpResponse
from .models import Djword

def index(request):
    word_list = Djword.objects.all()
    context = {"word_list": word_list}
    return render(request, "wdapp/index.html", context)
```

◆ 用語一覧の index.html

アプリケーションの index.html はテンプレートとして次のように記述します。

リスト 5.9 ● wdsite/wdapp/templates/wdapp/index.html

```html
<!DOCTYPE html>
<html lang="ja">
<head>
  <meta http-equiv="content-type" content="text/html; charset=utf-8" />
  <title>Djangoの用語集</title>
  {% load static %}
  <link rel="stylesheet" href="{% static 'wdapp/style.css' %}">
</head>
<body style="background-color:lightcyan;">
  <h1>Djangoの用語一覧</h1>
  {% if word_list %}
  <ul>
    {% for word in word_list %}
      <li><a href="/wdapp/{{ word.id }}/">{{ word.entry_text }}</a></li>
    {% endfor %}
  </ul>
  {% else %}
    <p>データがありません。</p>
  {% endif %}
</body>
```

このテンプレートの <body> 部分は、次のような構造になっています（<--　-->はその中がコメントであることを示します）。

```html
{% if word_list %}
  <!-- 用殿リストがあれば表示する -->
  <ul>
    <-- word_listの中のwordだけ繰り返す -->
    {% for word in word_list %}
      <li><-- 個々の用語とその意味を表示する -->
        <a href="/wdapp/{{ word.id }}/">{{ word.entry_text }}</a>
```

```
      </li>
    {% endfor %}
  </ul>
{% else %}
  <p>データがありません。</p>
{% endif %}
```

ここで http://localhost:8000/wdapp/ をリクエストすると、次のような用語の一覧の
ページが表示されます。

図5.4●Djangoの用語一覧ページ

5.3　用語ページ

用語ページにはアプリケーションのインデックスページの用語一覧から選択された
Django の用語のデータを表示します。

◆ 作成するビュー

ここでは、localhost:8000/wdapp を開いてアプリケーションのインデックスページの
用語一覧から用語をひとつ選択すると、次のような用語のページが表示されるようにす

ることを目標にします。

図5.5●選択された用語のページ

◆ URL の設定 ◆

wdsite/wdapp/urls.py では、用語のリストで id を指定されたときに、その用語のペー
ジを開くようにします。

リスト 5.10 ● wdsite/wdapp/urls.py

```python
from django.urls import path

from . import views

urlpatterns = [
    path("", views.index, name="index"),
    path("<int:pk>/", views.WordView.as_view()),
]
```

これで実行時に <int:pk>/ には用語の id が入れられ、その id のページが表示される
ようになります。

◆ ビューの作成 ∙∙ ◆

このあとで作成する wdsite/wdapp/word.html を読み込んでページとして作成（レンダリング）し、リクエストされたクライアントに返すようにするために、DetailView を継承する WordView クラスを次のように定義します。

リスト 5.11 ● wdsite/wdapp/view.py

```python
from django.shortcuts import render
from django.http import HttpResponse
from django.views.generic import DetailView

from .models import Djword

def index(request) :
    word_list = Djword.objects.all()
    context = {"word_list": word_list}
    return render(request, "wdapp/index.html", context)

class WordView(DetailView) :
    template_name = 'wdapp/word.html'
    model = Djword
```

◆ 用語のテンプレート ∙∙ ◆

用語ひとつの詳細データを表示する word.html はテンプレートとして次のように記述します。

リスト 5.12 ● wdapp/templates/wdsite/word.html

```html
<!DOCTYPE html>
<html lang="ja">
<head>
  <meta http-equiv="content-type" content="text/html; charset=utf-8" />
  <title>Djangoの用語集</title>
  {% load static %}
  <link rel="stylesheet" href="{% static 'wdapp/style.css' %}">
```

```
</head>
<body style="background-color:lightcyan;">
  {% block contents %}
    {% if object %}
    <h2>{{ object.entry_text }}</h2>
    <p>{{ object.body_text }}</p>
    <p>登録/更新日：{{ object.mod_date }}</p>
    <p>登録者：{{ object.authors.name }}</p>
    {% else %}
    <p>データがありません。</p>
    {% endif %}
  {% endblock %}
</body>
```

このファイルでは、テンプレートが展開される時に次の2行でCSSを読み込みます。

```
{% load static %}
<link rel="stylesheet" href="{% static 'wdapp/style.css' %}">
```

<body> では、データ（コードの中では object）がある場合に、見出し（entry_text）、用語の意味（object.body_text）、登録/更新日（object.mod_date）、登録者（object.authors.name）を表示するようにします。

```
{% if object %}
  <h2>{{ object.entry_text }}</h2>
  <p>{{ object.body_text }}</p>
  <p>登録/更新日：{{ object.mod_date }}</p>
  <p>登録者：{{ object.authors.name }}</p>
{% else %}
  <p>データがありません。</p>
{% endif %}
```

第6章

グルメサイトの作成 (1)

この章では、第3章〜第5章で取り上げた単純な Web サイトよりやや複雑な Web サイトを Django を使って作成する方法について解説します。この章では手順ごとではなく、トピックごとに解説します。

6.1　グルメサイトの生成

ここでは、gourmet（グルメ）サイトを作成します。

◆ サイトの概要 ┈┈┈┈┈┈┈┈┈┈┈┈┈┈┈┈┈┈┈┈┈┈┈┈┈┈┈ ◆

　gourmet サイトのトップページには、おいしい料理の一覧が画像とともに表示されます。

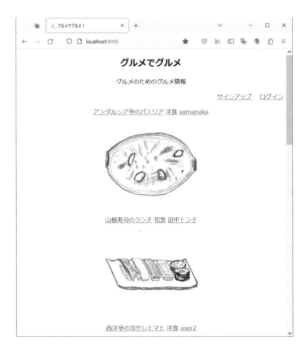

図6.1●サイトのトップページ

　料理の一覧から料理の一つを選ぶと、料理の詳細情報を示すページが表示されます。

図6.2●グルメサイトの詳細ページ

このほかに、グルメ情報を投稿する人がサインイン（ログイン）したり、サインイン情報を登録するサインアップページなど、ユーザー認証のための一連のページも作ります。

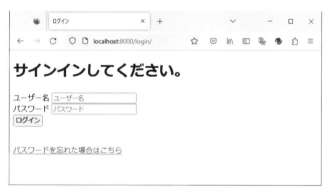

図6.3●サインインページ

図6.4●サインアップページ

　これらのページの見栄えは必ずしも美しくありませんが、コードを単純にするためにあえてこのようにしてあります。もっと美しくしたい場合は、自身のHTMLとCSSについての知識と経験に応じて見栄えを改善してください。

◆ プロジェクトの作成

　新しいサイトを作成するために、新しいプロジェクト gourmet を作成します。適切なディレクトリに移動して、以下のコマンドを実行してください。

```
>django-admin startproject gourmet
```

　上のコマンドでうまくいかない場合は、次のように入力してください。

```
>python -m django startproject gourmet
```

　これまで示してきたように、このプロジェクトのためのディレクトリとファイルが生成されます。

　gourmet/gourmet/settings.py を編集して言語とタイムゾーンを次のように指定しておきます。

リスト 6.1 ● gourmet/gourmet/settings.py（部分）

```
LANGUAGE_CODE = 'ja-jp'

TIME_ZONE = 'Asia/Tokyo'
```

　現状では、LANGUAGE_CODE は 'ja' でも 'ja-jp' でも同様に機能します。

◆ dish アプリケーションの作成

　プロジェクトの中においしい料理情報を表示するための新しいアプリケーションを作成します。ここでは、新しいアプリケーションの名前は dish（料理）にします。

　アプリケーションを作るには、manage.py があるディレクトリに入って、startapp とアプリケーション名として dish を指定して python manage.py を実行します。

```
>cd gourmet
>python manage.py startapp dish
```

　作成したアプリケーションを、settings.py の INSTALLED_APPS に登録しておきます。

リスト 6.2 ● gourmet/gourmet/settings.py

```
INSTALLED_APPS = [
    'dish.apps.DishConfig',
    'django.contrib.admin',
    'django.contrib.auth',
```

```
    'django.contrib.contenttypes',
    'django.contrib.sessions',
    'django.contrib.messages',
    'django.contrib.staticfiles',
]
```

　ブラウザから localhost:8000/ を要求したときに表示されるサイトの単純な仮の index ページを作成しておくと役立つことがあります。

リスト 6.3 ● gourmet/gourmet/views.py

```python
from django.shortcuts import render
from django.http import HttpResponse

def index(request):
    html = "<h1 style='text-align:center'>グルメだグルメ</h1>"
    return HttpResponse(html)
```

　さらに仮のビューをふたつ作っておきます。

リスト 6.4 ● gourmet/dish/views.py

```python
from django.http import HttpResponse

def index(request):
    return HttpResponse("グルメ情報のリスト")
```

リスト 6.5 ● gourmet/gourmet/views.py

```python
from django.http import HttpResponse

def index(request):
    html = "<h1 style='text-align:center'>グルメだグルメ</h1>"
    return HttpResponse(html)
```

これが表示されるようにふたつの urls.py ファイルを次のようにします。

リスト 6.6 ● gourmet/gourmet/urls.py

```python
from django.urls import path

from . import views

urlpatterns = [
    path("", views.index, name="index"),
]
```

リスト 6.7 ● gourmet/dish/urls.py

```python
from django.urls import path
from . import views

urlpatterns = [
    path("", views.index, name="index"),
]
```

Note 　これらの仮のページは最終的には使いませんが、動作を確認するときに役立つことがあります。

◆ accounts アプリケーションの作成

　プロジェクトにユーザー認証用の新しいアプリケーション accounts を作成します。ユーザー認証用に新しいアプリケーションを作成してプロジェクトに追加する方法はDjango の常套手段です。

　アプリケーションを作るために、manage.py があるディレクトリに入って、startappとアプリケーション名として accounts を指定して python manage.py を実行します。

```
>cd gourmet
>python manage.py startapp accounts
```

ここでも、作製したアプリケーションを settings.py の INSTALLED_APPS に登録しておきます。

リスト 6.8 ● gourmet/gourmet/settings.py

```
INSTALLED_APPS = [
    'accounts.apps.AccountsConfig',
    'dish.apps.DishConfig',
    'django.contrib.admin',
    'django.contrib.auth',
    'django.contrib.contenttypes',
    'django.contrib.sessions',
    'django.contrib.messages',
    'django.contrib.staticfiles',
]
```

◆ URL の設定

さらに gourmet/urls.py に import django.urls.include を追加して、urlpatterns のリストに次のように include() を挿入します。

リスト 6.9 ● gourmet/gourmet/urls.py

```
from django.contrib import admin
from django.urls import include, path

urlpatterns = [
    path("dish/", include("dish.urls")),
    path("admin/", admin.site.urls),
]
```

ここで dish/urls.py を作成しておきます。

リスト 6.10 ● gourmet/gourmet/dish/urls.py

```python
from django.urls import path

from . import views

urlpatterns = [
    path("", views.index, name="index"),
]
```

また、dish/ で表示できるように単純なビューを作成します。gourmet/dish/views.py
を開いて、index ページ用に次のようなコードを書きます。

リスト 6.11 ● gourmet/dish/views.py

```python
from django.shortcuts import render
from django.http import HttpResponse

def index(request):
    return HttpResponse("グルメ情報のリスト")
```

これらの設定によって python manage.py runserver を実行して http://
localhost:8000/ を要求すると、「グルメだグルメ」という文字列が中央に表示されたペー
ジが、http://localhost:8000/dish/ を要求すると、「グルメのリスト」という文字列
が左上に表示されたページが表示されるようにします。これらは先に進むためのもので
あり、最終的には必ずしも使いません。

6.2 モデル

このサイトでは、料理用のモデルと、アカウント（ユーザー認証）用のモデルの、ふたつのモデルを使います。

◆ アカウント用のモデル作成

アカウント（ユーザー認証）用のモデルは、Django に組み込まれている AbstractUser を継承するクラスとして作成します。

リスト 6.12 ● gourmet/accounts/models.py

```python
from django.db import models
from django.contrib.auth.models import AbstractUser

# Userモデルを継承したカスタムユーザーモデル
class CustomUser(AbstractUser):
    pass
```

こうするだけで、AbstractUser クラスからフィールドとして、以下のフィールドが継承されて使えるようになります。

表6.1●継承する主なフィールド

フィールド	型
username	CharField
first_name	CharField
last_name	CharField
email	EmailField
is_staff	BooleanField
is_active	BooleanField
date_joined	DateTimeField

　もちろん、派生したクラスでフィールドを追加したければしても構いませんが、ここでは AbstractUser クラスで定義されているフィールドのうち必要なものだけを使うことにします。

　また、メソッドとして、clean()、get_full_name()、get_short_name()、email_user() も継承します。

　なお、Django 4.2.1 では AbstractUser クラスは次のように定義されています。

```python
class AbstractUser(AbstractBaseUser, PermissionsMixin):
    username_validator: UnicodeUsernameValidator = ...

    username = models.CharField(max_length=150)
    first_name = models.CharField(max_length=30, blank=True)
    last_name = models.CharField(max_length=150, blank=True)
    email = models.EmailField(blank=True)
    is_staff = models.BooleanField()
    is_active = models.BooleanField()
    date_joined = models.DateTimeField()

    EMAIL_FIELD: str = ...
    USERNAME_FIELD: str = ...
    def get_full_name(self) -> str: ...
    def get_short_name(self) -> str: ...
    def email_user(
        self, subject: str, message: str, from_email: str = ..., **kwargs: Any
    ) -> None: ...
```

　他にするべきことは、gourmet/gourmet/setting.py の AUTH_USER_MODEL に CustomUser モデルを使うように設定することです

リスト 6.13 ● gourmet/gourmet/setting.py（部分）

```python
AUTH_USER_MODEL = 'accounts.CustomUser'
```

　モデル（models.py）からデータベースのテーブルを作成する準備として、次のコマンドを実行します。

```
>python manage.py makemigrations accounts
```

◆ 料理モデルの作成 ◆

　美味しい料理のデータを扱う dish のモデルとしては、料理のカテゴリーを示す Category クラスと、ひとつひとつの料理を表す Dish クラスを定義します。

　Category クラスには、CharField 型の title を定義します。

```
class Category(models.Model):
    title = models.CharField( verbose_name='カテゴリ', max_length=20)
```

　カテゴリのテーブルに作成するのはこの title だけです。

　Dish クラスには以下のフィールドを定義します。

- ForeignKey でアカウントと関係付ける user フィールド
- ForeignKey でカテゴリーと関係付ける category フィールド
- CharField 型の title フィールド
- TextField 型のコメントを表す comment フィールド
- ImageField 型の画像を保存する image フィールド
- 投稿日を表す DateTimeField 型の posted_at フィールド

```
class Dish(models.Model):
    user = models.ForeignKey(
        CustomUser, verbose_name='ユーザー', on_delete=models.CASCADE)
    category = models.ForeignKey(
        Category, verbose_name='カテゴリ', on_delete=models.PROTECT)
    title = models.CharField(
        verbose_name='タイトル', max_length=200)
```

```
comment = models.TextField(verbose_name='コメント',)
image = models.ImageField(verbose_name='イメージ', upload_to = 'dishs' )
posted_at = models.DateTimeField(
    verbose_name='投稿日時', auto_now_add=True)
```

Dish（料理）のテーブルのフィールドは次のようになります。

表6.2●Dishのテーブルのフィールド

フィールド	名前*	種類
user	ユーザー	models.ForeignKey
category	カテゴリ	models.ForeignKey
title	タイトル	models.CharField
comment	コメント	models.TextField
image	イメージ	models.ImageField
posted_at	投稿日時	models.DateTimeField

*フィールド名をわかりやすくするための名前

また、どのクラスにも、そのクラス自身を説明する文字列を返す __str__(self) を定義しておきます。

```
def __str__(self):
    return self.title
```

これらふたつのクラス全体では次のようになります。

リスト 6.14 ● gourmet/dish/models.py

```python
from django.db import models
from accounts.models import CustomUser

class Category(models.Model):
    title = models.CharField( verbose_name='カテゴリ', max_length=20)

    def __str__(self):
```

```
            return self.title # カテゴリ名を返す

class Dish(models.Model):
    user = models.ForeignKey(
        CustomUser, verbose_name='ユーザー', on_delete=models.CASCADE)
    category = models.ForeignKey(
        Category, verbose_name='カテゴリ', on_delete=models.PROTECT)
    title = models.CharField(
        verbose_name='タイトル', max_length=200)
    comment = models.TextField(verbose_name='コメント',)
    image = models.ImageField(verbose_name='イメージ', upload_to = 'dishs' )
    posted_at = models.DateTimeField(
        verbose_name='投稿日時', auto_now_add=True)

    def __str__(self):
        return self.title
```

　モデル（models.py）からデータベースのテーブルを作成するために、次のふたつのコマンドを実行します。

```
>python manage.py makemigrations dish
>python manage.py migrate
```

6.3　データの管理

　データを Django の管理画面で編集できるようにします。

◆ 管理画面へのモデルの追加 ···◆

　Wdapp のテーブルを管理画面で編集できるようにするために、ファイル gourmet/dish/admin.py を開いて Category と DishDetail を admin に登録します。

リスト 6.15 ● gourmet/dish/admin.py

```python
from django.contrib import admin
from .models import Category, DishDetail

admin.site.register(Category)
admin.site.register(DishDetail)
```

gourmet/accounts/admin.py の中で、list_display に id と username を表示するように設定し、list_display_links にリンクを設定したあとで、モデルを管理画面に登録します。

リスト 6.16 ● gourmet/accounts/admin.py

```python
from django.contrib import admin
from .models import CustomUser

class CustomUserAdmin(admin.ModelAdmin):
    # idとusernameを表示する
    list_display = ('id', 'username')
    # リンクを設定する
    list_display_links = ('id', 'username')

admin.site.register(CustomUser, CustomUserAdmin)
```

◆ 管理ユーザーの作成 ◆

これまでにも示してきた通り、管理画面を利用するには、管理ユーザー（スーパーユーザー）を作ります。manage.py があるディレクトリで次のコマンドを実行してください。

```
>python manage.py createsuperuser
```

そして、ユーザー名とメールアドレス、パスワードを入力します。メールアドレスは省略しても構いません。

参考のために提供しているサンプルプロジェクトでは、ユーザー名として user、パスワードとして password を設定してあります。

読者が作るサイトではもっと複雑で推定されないパスワードを使ってください。

管理ユーザーを登録したら、localhost:8000/admin/ で管理画面にログインして、ユーザーや料理のカテゴリーと料理のデータを登録します。

図6.5●Django管理サイト画面（localhost:8000/admin/）ログイン後

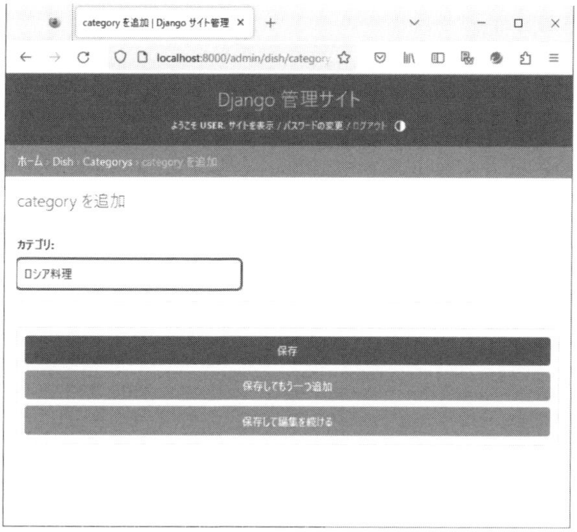

図6.6●カテゴリの登録画面の例

図6.7●料理（Dish）の追加画面の例

　このアプリケーションでは、料理の画像も登録するようにしたので、イメージファイルを作成する必要があります。イメージ画像は、管理画面または料理の登録画面の「イメージ」の右の［参照］ボタンからデータを選択して保存すると、Djangoがこのサイトのサブディレクトリ images に保存します。

◆ データの確認 ·· ◆

　データベースが作成されてテーブルもでき、データベースにデータを登録したので、このデータを Python のインタラクティブシェルから操作することができます。

　次のコマンドで Python のシェルを表示します。

```
>python manage.py shell
```

　以下にいくつかのデータ操作の例を示します。

> データをひとつずつ編集したり追加するのであれば管理画面で行ったほうが容易です。ここで紹介するコードは、たくさんのデータを一度に扱いたいときに使うとよいでしょう。

　最初に、Category モデルと DishDetail モデルをインポートします。

```
>>> from dish.models import Category, DishDetail
```

　次のようにしてデータを見ることができます。

```
>>> DishDetail.objects.all()
<QuerySet [<DishDetail: 珍々軒のぎょうざ>]>
>>> Category.objects.all()
<QuerySet [<Category: 中華>]>
```

　id を指定してデータを取得することもできます。

```
>>> Category.objects.filter(id=1)
<QuerySet [<Category: 中華>]>
```

　次のようにすると、DishDetail の最初のレコードのタイトル（title）やコメント（comment）を調べることができます。

```
>>> q = DishDetail.objects.get(pk=1)
>>> q.title
'珍々軒のぎょうざ'
>>> q.comment
'外はカリッと、中はジューシー。'
```

 その他の操作は 4.2 節「シェルからの操作」を参照してください。

第7章

グルメサイトの作成 (2)

この章では、引き続き gourmet（グルメ）サイト
の作成を続けます。

7.1　テンプレートの構造

　タイトルやヘッダー、フッターなどを何度も重複してHTMLに記述するのではなくて、ベースとなるテンプレートを作って共通する部分はそこに記述するようにします。

◆ ベーステンプレートとコンテンツ .... ◆

　このサンプルサイトでは、多くのページで、表示するタイトルやヘッダー、フッターなどが似通っています。そこで、ベースとなるテンプレートを作って共通する部分はそこに記述し、ページ固有の情報はコンテンツとして表示するための次のような構造のテンプレートを作ります。

```
<!-- 静的データ（イメージやアイコンなど）をロードする -->
{% load static %}

<!doctype html>
<html lang="ja">
  <head>
    <!-- タイトルを表示する -->
    <title>{% block title %}{% endblock %}</title>
  </head>

  <body>
    <header>
        <!-- ヘッダー -->
    </header>

    <main>
      <!-- コンテンツを表示する -->
      {% block contents %} {% endblock %}
    </main>

    <footer>
        <!-- フッター -->
```

```
    </footer>
  </body>
</html>
```

load static は必要に応じて静的データを読み込みます（このアプリではたとえばページのアイコンを読み込みます）。

\<head\>タグの内容である{% block title %} {% endblock %}にはタイトルが挿入され、\<main\>タグの内容である {% block contents %} {% endblock %} にはそれぞれのページ固有の情報が挿入されて表示されるようになります。

base.html

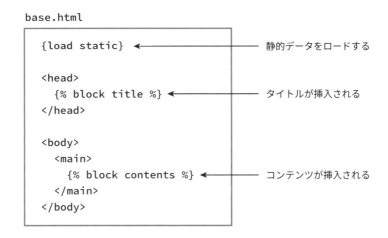

図7.1●ベーステンプレートの構造

ベースとなるテンプレート base.html の全体は次のようになります。

リスト 7.1 ● gourmet/dish/template/base.html

```
{% load static %}
<!doctype html>
<html lang="ja">
  <head>
    <meta charset="utf-8">
    <meta name="description" content="base">
    <title>{% block title %}{% endblock %}</title>
```

```
    <link rel="icon" type="image/x-icon"
        href={% static 'assets/favicon.ico' %} />
  </head>

<body>
  <header>    <!-- ヘッダー -->
    <div style="text-align: center;">
      <h2>グルメでグルメ</h4>
      <p>グルメのためのグルメ情報</p>
    </div>
    <div style="text-align:right">
      {% if user.is_authenticated %}
        <!-- ログイン中 -->
        <a href="{% url 'dish:post' %}">投稿する</a>
        <a href="{% url 'dish:mypage' %}">マイページ</a>
        <a href="{% url 'accounts:logout' %}">ログアウト</a>
      {% else %}
        <!-- ログイン状態ではない -->
        <a href="{% url 'accounts:signup' %}">サインアップ</a>
        <a href="{% url 'accounts:login' %}">ログイン</a>
      {% endif %}
    </div>
  </header>

  <main>    <!-- コンテンツ -->
    {% block contents %} {% endblock %}
  </main>

  <footer>    <!-- フッター -->
    <div style="text-align: right">
      <p style="font-size: smaller;">
        <a href="{% url 'dish:index' %}">ホームページ</a>
      </p>
    </div>
  </footer>

</body>
</html>
```

ヘッダー <head> の中の次の記述はこのサイトのアイコンを指定するコードです。

```
<link rel="icon" type="image/x-icon" href={% static 'assets/favicon.ico' %} />
```

このサイトのアイコンを作成して、/static/assets/favicon.ico に保存しておくと、サイトを表示したときに Web ブラウザのタブにアイコンが表示されるようになります。

user.is_authenticated の値に応じて、ログイン中かそうでないかで表示内容を変えている点に注目してください（user.is_authenticated の値はアカウントのデータに基づいて Django が適切に設定します）。

7.2 ビューの作成

料理やアカウントのビューを表示できるようにするために、Python のクラスとテンプレート（コンテンツ部分）を作成します。

◆ 料理のビュー

アカウント関連のビューの Python のコードを記述する gourmet/dish/views.py には、以下に示す一連のクラスを記述します。

料理の一覧を表示するための ListView クラスを継承する IndexView クラスは次のようにします。

```python
class IndexView(ListView):
    template_name = 'index.html'
    queryset = Dish.objects.order_by('-posted_at')
```

料理を投稿するための CreateView クラスを継承する CreateDishView クラスは次のようにします。

```
@method_decorator(login_required, name='dispatch')
class CreateDishView(CreateView):
    form_class = DishForm
    template_name = "post_dish.html"
    success_url = reverse_lazy('dish:post_done')

    def form_valid(self, form):
        postdata = form.save(commit=False)
        postdata.user = self.request.user
        postdata.save()
        return super().form_valid(form)
```

　このコードはログインしているユーザーだけが実行可能になるように、@method_decorator を指定している点に注意してください（ログイン中かどうかはアカウントのデータに基づいて Django が適切に決定します）。

　投稿が成功したことを示すために表示するための TemplateView クラスを継承する PostSuccessView クラスは次のようにします。

```
class PostSuccessView(TemplateView):
    template_name ='post_success.html'
```

　カテゴリの一覧を表示するために使う ListView クラスを継承する CategoryView クラスは次のようにします。

```
class CategoryView(ListView):
    template_name ='index.html'

    def get_queryset(self):
      category_id = self.kwargs['category']
      categories = Dish.objects.filter(category=category_id).order_by(
                                                          '-posted_at')

      return categories
```

　特定のユーザーの投稿だけのリストを表示するために使う ListView クラスを継承する UserView クラスは次のようにします。

```python
class UserView(ListView):
    template_name ='index.html'

    def get_queryset(self):
      user_id = self.kwargs['user']
      user_list = Dish.objects.filter(
        user=user_id).order_by('-posted_at')
      return user_list
```

　特定の料理についての情報を表示するための使う DetailView クラスを継承する DetailView クラスは次のようにします。

```python
class DetailView(DetailView):
    template_name ='detail.html'
    model = Dish
```

　ログインしているユーザーの自分で投稿した情報を表示するために ListView クラスを継承する MypageView クラスは次のようにします。

```python
class MypageView(ListView):
    template_name ='mypage.html'

    def get_queryset(self):
      queryset = Dish.objects.filter(
        user=self.request.user).order_by('-posted_at')
      return queryset
```

　料理の情報を削除することを確認するために表示する DeleteView クラスを継承する DishDeleteView クラスは次のようにします。

```
class DishDeleteView(DeleteView):
    model = Dish
    template_name ='dish_delete.html'
    success_url = reverse_lazy('dish:mypage')

    def delete(self, request, *args, **kwargs):
      return super().delete(request, *args, **kwargs)
```

ビューのクラスのコード全体は次のようになります。

リスト 7.2 ● gourmet/dish/views.py

```
from django.http import HttpResponse
from django.shortcuts import render
from django.views.generic import TemplateView, ListView
from django.views.generic import CreateView
from django.urls import reverse_lazy
from django.utils.decorators import method_decorator
from django.contrib.auth.decorators import login_required
from django.views.generic import DetailView
from django.views.generic import DeleteView
from .models import Dish
from .forms import DishForm

class IndexView(ListView):
    template_name = 'index.html'
    queryset = Dish.objects.order_by('-posted_at')

@method_decorator(login_required, name='dispatch')
class CreateDishView(CreateView):
    form_class = DishForm
    template_name = "post_dish.html"
    success_url = reverse_lazy('dish:post_done')

    def form_valid(self, form):
        postdata = form.save(commit=False)
        postdata.user = self.request.user
```

```
        postdata.save()
        return super().form_valid(form)

class PostSuccessView(TemplateView):
    template_name ='post_success.html'

class CategoryView(ListView):
    template_name ='index.html'

    def get_queryset(self):
      category_id = self.kwargs['category']
      categories = Dish.objects.filter(category=category_id).order_by(
                                                      '-posted_at')

      return categories

class UserView(ListView):
    template_name ='index.html'

    def get_queryset(self):
      user_id = self.kwargs['user']
      user_list = Dish.objects.filter(
        user=user_id).order_by('-posted_at')
      return user_list

class DetailView(DetailView):
    template_name ='detail.html'
    model = Dish

class MypageView(ListView):
    template_name ='mypage.html'

    def get_queryset(self):
      queryset = Dish.objects.filter(
        user=self.request.user).order_by('-posted_at')
      return queryset

class DishDeleteView(DeleteView):
    model = Dish
    template_name ='dish_delete.html'
```

```
        success_url = reverse_lazy('dish:mypage')

        def delete(self, request, *args, **kwargs):
            return super().delete(request, *args, **kwargs)
```

◆ 料理のテンプレート

それぞれのビューで使うテンプレートは以下の通りです。

料理のインデックスを表示するためのテンプレート index.html は次の通りです。

リスト 7.3 ● gourmet/dish/templates/index.html

```
{% extends 'base.html' %}

{% block title %}グルメでグルメ！{% endblock %}

{% block contents %}

  {% include "dishs_list.html" %}

{% endblock %}
```

このインデックスでは、dishs_list.html をインクルードすることによって料理の一覧を表示します。

料理の一覧を表示するためのテンプレート dish_list.html は次の通りです。

リスト 7.4 ● gourmet/dish/templates/dish_list.html

```
<div>
  <div style="text-align: center">
  {% if object_list %}
  {% for record in object_list %}
    <p>
      <div>
        <span style="text-align: left;">
          <a href='{% url 'dish:dish_detail' record.pk %}'>{{record.title}}</a>
```

```
        </span>
        <span style="text-align: right;">
          <a href='{% url 'dish:dishs_cat'
            category=record.category.id %}'>{{record.category.title}}</a>
          <a href="{% url 'dish:user_list'
            user=record.user.id %}">{{record.user.username}}</a>
        </span>
      </div>
    </p>
    <div>
      <div>
        <a href='{% url 'dish:dish_detail' record.pk %}'>
          <img src="{{ record.image.url }}" width="255" height="225" />
        </a>
      </div>
    </div>
  {% endfor %}
  {% else %}
    <p>データがありません。</p>
  {% endif %}
  </div>
</div>
```

このコードでは、ビューから渡された料理のリスト（object_list）のレコード（record）ごとに for 文で繰り返して料理をリストとして表示します。

\<img\> タグで、レコードのイメージファイル（record.image.url）を表示する点に注目してください。

料理を表示するときに共通して表示するタイトルのテンプレート dishes_title.html は次の通りです。

リスト 7.5 ● gourmet/dish/templates/dishes_title.html

```
<div>
  <div style="text-align: center">
    <h1>グルメでグルメ</h1>
    <p>グルメのためのグルメな世界</p>
  </div>
```

```
<div style="text-align: right">
  <p>
  {% if user.is_authenticated %}
    <!-- ログイン中 -->
    <a href="{% url 'dish:post' %}">投稿する</a>
    <a href="{% url 'accounts:logout' %}">ログアウト</a>
  {% else %}
    <!-- ログイン状態ではない -->
    <a href="{% url 'accounts:signup' %}">サインアップ</a>
    <a href="{% url 'accounts:login' %}">ログイン</a>
  {% endif %}
  </p>
</div>
</div>
```

ユーザーが料理を投稿するためのフォームの外観は次のようにします。

図7.2●投稿フォーム

料理を投稿するためのテンプレート post_dish.html は次の通りです。

リスト 7.6 ● gourmet/dish/templates/post_dish.html

```
{% extends 'base.html' %}

{% block title %}Post{% endblock %}

{% block contents %}
  <br>
  <div>
    <form method="POST" enctype="multipart/form-data">
      {% csrf_token %}
      <table>
        <tr>
          <th>カテゴリ</th>
          <td>{{ form.category }}</td>
        </tr>
        <tr>
          <th>タイトル</th>
          <td>{{ form.title }}</td>
        </tr>
        <tr>
          <th>コメント</th>
          <td>{{ form.comment }}</td>
          </tr>
        <tr>
          <th>画像</th>
          <td>{{ form.image }}</td>
        </tr>
      </table>
      <hr>
      <button type="submit">投稿する</button>
    </form>
  </dv>

{% endblock %}
```

投稿が成功したことを示すためのテンプレート post_success.html は次の通りです。

リスト 7.7 ● gourmet/dish/templates/post_success.html

```
{% extends 'base.html' %}

{% block title %}Post Success{% endblock %}

  {% block contents %}
  <div style="text-align: center=">
    <h4>投稿しました!</h4>
  </dv>

{% endblock %}
```

料理のデータはビューから object で受け取ります。

特定の料理についての情報を表示するためのテンプレート detail.html は次の通り
です。

リスト 7.8 ● gourmet/dish/templates/detail.html

```
{% extends 'base.html' %}

{% block title %}グルメ{% endblock %}

  {% block contents %}
  <br />
  <div class="container">
    <h2>{{object.title}}</h2>
    <p><img src="{{ object.image.url }}"></img></p>
    <p>{{object.comment}}</p>
    <p>投稿日：{{object.posted_at}}</p>
    {% if request.user == object.user %}
      <form method="POST">
      <a href="{% url 'dish:dish_delete' object.pk %}">削除する</a>
    {% endif %}
  </div>
```

```
{% endblock %}
```

　ログインしているユーザーの自分で登録した情報を表示するためののテンプレート
mypage.html は次の通りです。

リスト 7.9 ● gourmet/dish/templates/mypage.html

```
{% extends 'base.html' %}

{% block title %}Mypage{% endblock %}

    {% block contents %}

    {% if user.is_authenticated %}
      <br>
      <div style="text-align:center">
        <h4>{{user.username}}さんのマイページ</h4>
        {% if object_list.count == 0 %}
          <p>{{user.username}}さんの投稿はありません</p>
        {% else %}
          <p>投稿<strong>{{object_list.count}}</strong>件</p>
        {% endif %}
        <a href="{% url 'dish:post' %}">投稿する</a>
      </div>
      <hr>
    {% endif %}

    {% include "dishs_list.html" %}

    {% endblock %}
```

　料理の情報を削除することを確認するために表示するのテンプレート dish_delete.
html は次の通りです。

リスト 7.10 ● **gourmet/dish/templates/dish_delete.html**

```
{% extends 'base.html' %}

{% block title %}グルメ（削除）{% endblock %}

    {% block contents %}
    <form method="POST">
      <br>
      <p>削除していいですか?</p>
      {% csrf_token %}
      <button type="submit">削除</button>
      <a href="{% url 'dish:dish_detail' object.pk %}">キャンセル</a>
      </dv>
    </dv>
    {% endblock %}
```

◆ アカウントのビュー

　アカウント関連のビューの Python のコードを記述する gourmet/accounts/views.py には、CreateView クラスを継承する SignUpView クラスと、TemplateView を継承する SignUpSuccessView クラスを記述します。

リスト 7.11 ● **gourmet/accounts/views.py**

```
from django.shortcuts import render
from django.views.generic import CreateView, TemplateView
from .forms import CustomUserCreationForm
from django.urls import reverse_lazy

class SignUpView(CreateView):
    form_class = CustomUserCreationForm
    template_name = "signup.html"
    success_url = reverse_lazy('accounts:signup_success')

    def form_valid(self, form):
        user = form.save()
```

```
        self.object = user
        return super().form_valid(form)

class SignUpSuccessView(TemplateView):
    template_name = "signup_success.html"
```

◆ アカウントのテンプレート ◆

テンプレート signup.html は、例えば次のように作ります。

リスト 7.12 ● gourmet/accounts/templates/signup.html

```
{% extends 'base.html' %}

{% block title %}サインアップ{% endblock %}

  {% block contents %}
  <div style="text-align: center">
    <h3>サインアップ</h3>
    <form method = "post">
      {% csrf_token %}
      {% for field in form %}
      <p>
        {{ field.label_tag }}<br />
        {{ field }}<br />
        {% if field.help_text %}
          <small style="color: grey">{{ field.help_text }}</small>
        {% endif %}
        {% for error in field.errors %}
          <p style="color: red">{{ error }}</p>
        {% endfor %}
      </p>
      {% endfor %}
      <input type="submit" value="Sign up">
    </form>

    <br>
```

```
    <p><a href="{% url 'dish:index' %}">登録をキャンセルする</a></p>

  </div>

  {% endblock %}
```

テンプレート signup_success.html は、例えば次のように作ります。

リスト 7.13 ● gourmet/accounts/templates/signup_success.html

```
{% extends 'base.html' %}

{% block title %}Registration Complete{% endblock %}

  {% block contents %}
  <div style="text-align: center">
    <h3>登録が完了しました</h3>
    <br />
    <p><a href="{% url 'accounts:login' %}">ログインはこちら</a><p>
  </div>

  {% endblock %}
```

テンプレート login.html はたとえば次のようにします。

リスト 7.14 ● gourmet/accounts/templates/login.html

```
{% load static %}
<!doctype html>
<html lang="ja">
  <head>
    <meta charset="utf-8">
    <meta name="description" content="">
    <title>ログイン</title>
  </head>
  <body class="text-center">
    <main class="form-signin">
```

```
        {% if form.errors %}
          <p style="color: red">ユーザー名とパスワードが一致しません。</p>
        {% endif %}
        <form method="post">
          {% csrf_token %}
          <h1 class="h3 mb-3 fw-normal">サインインしてください。</h1>
          <label for="Username" class="visually-hidden">ユーザー名</label>
          <input type="text" name="username" id="id_username"
                 maxlength="150" autocapitalize="none" autocomplete="username"
                 placeholder="ユーザー名" required autofocus>
          <br />
          <label for="Password" class="visually-hidden">パスワード</label>
          <input type="password" name="password" id="id_password"
                 autocomplete="current-password" placeholder="パスワード"
                 required autofocus>
          <br />
          <input type="submit" value="ログイン">

          <br><br>
          <input type="hidden" name="next" value="{% url 'dish:index' %}">
        </form>
      </main>
    </body>
</html>
```

テンプレート logout.html はたとえば次のようにします。

リスト 7.15 ● gourmet/accounts/templates/logout.html

```
{% extends 'base.html' %}

{% block title %}ログアウト{% endblock %}

  {% block contents %}
<div class="container">
  <h3>ログアウトしました</h3>
</div>
```

```
<p><a href="{% url 'dish:index' %}">トップページへ</a><p>
{% endblock %}
```

作成したサイトを公開するには、自前のサーバーを使う、レンタルサーバーを借りる、アマゾンウェブサービス（AWS）のようなサービスを利用するなどの方法があります。いずれも、サーバーの種類を選択し、独自ドメインを契約し、必要に応じて選択した環境に対応するように Python と Django をインストールして設定するなどし、作成したプロジェクトをアップロードするなどの作業が必要になります。そのための契約や設定などの方法は公開するサーバーまたはサービスごとに異なるので、本書の範囲を超えます。

なお、一般的には、サイトの性質がプライベートでアクセスがあまり多くない場合を除いて、常時監視してセキュリティやアクセス性を高める必要があるという観点から、AWS のようなサービスを活用するのが現実的でしょう。

付 録

メモランダム

ここには、良く使うコマンドやその他の情報をコンパクトにまとめてあります。

A.1 Python および Django

Python と Django の基本的な操作方法についてのメモです。

■ インストールされている Python の確認

```
>python --version
Python 3.11.1
```

環境によっては「python」ではなく、「py」、「python3」、「python3.11」などに変えます。

■ パッケージのインストール

パッケージをインストールするときには次のコマンドを使うことを推奨します。

```
>python -m pip install パッケージ名
```

この方法でインストールすることで、実際に使うバージョンのパッケージを間違いなくインストールすることができます。

■ プロジェクトの作成

プロジェクトを作成するには、次のコマンドを実行します。

```
>django-admin startproject プロジェクト名
```

または、

```
>python -m django startproject プロジェクト名
```

■ アプリケーションの作成

アプリケーションを作成するには、manage.py があるディレクトリに入って、次のコマンドを実行します。

```
>python manage.py startapp アプリケーション名
```

■ Django 開発サーバーの起動

Django 開発サーバーは次のコマンドで起動します。

```
>Python manage.py runserver
```

Django 開発サーバーを終了するときには、Ctrl キーを押しながら C キーを長めに押します。

■ シェルの起動

Django の環境で Python のインタラクティブシェルを起動するときには次のコマンドを使います。

```
>python manage.py shell
```

シェルを終了するときには exit() を実行します。

■ サイトのテスト

サイトに問題がないか調べるときには次のコマンドを使います。

```
>python manage.py test
```

■ データベーステーブルの作成と変更

Django のモデル（models.py）からデータベースのテーブルを作成したり更新するためには、次のふたつのコマンドを実行します。

```
>python manage.py makemigrations wdapp
>python manage.py migrate
```

A.2 **URL**

サイトのページは次の URL で表示できます。

- ホームページ
  http://localhost:8000/ または http://127.0.0.1:8000/

- サイト（アプリケーション）のインデックスページ
  http://localhost:8000/(アプリケーション名)/

  ・本書の wdsite の wdapp のインデックスページ
    http://localhost:8000/wdapp/

- 管理画面
  http://localhost:8000/admin/

A.3 データベースの操作

ここでは、モデルのデータを操作するときの主な Python のコマンドと、SqlLite3 を操作するための SqLite3 の主なコマンドを示します。

■ データベースのシェル

データベースのシェルを起動するには次のコマンドを実行します。

```
>python manage.py dbshell
SQLite version 3.26.0 2018-12-01 12:34:55
Enter ".help" for usage hints.
sqlite>
```

以降、SQL コマンドを実行できます。

Note　SQL コマンドについては本書の範囲を超えるので、他のリソースを参照してください。

■ データの閲覧

Python のシェルからデータの閲覧には次のコードを使うことができます。

```
from wdapp.models import モデルクラス
モデルクラス.objects.all()
```

次の例は、Windows で Python のシェルを起動して本書の wdsite の Djword クラスのデータ一覧を表示する例です。

```
>python manage.py shell
Python 3.11.3 (tags/v3.11.3:f3909b8, Apr  4 2023, 23:49:59) [MSC v.1934 64 bit
(AMD64)] on win32
Type "help", "copyright", "credits" or "license" for more information.
(InteractiveConsole)
>>> from wdapp.models import Djword
>>> Djword.objects.all()
<QuerySet [<Djword: DBMS>, <Djword: データベース>, <Djword: ジャンゴ>]>
```

■ SqLite3 のシェル

　SqLite3 のシェルでデータベースに接続してデータベースの内容を調べたり操作することができます。

　SqLite3 データベースのシェルを起動するときには、OS のコマンドラインで sqlite3 を実行します。

```
>sqlite3
SQLite version 3.26.0 2018-12-01 12:34:55
Enter ".help" for usage hints.
Connected to a transient in-memory database.
Use ".open FILENAME" to reopen on a persistent database.
sqlite>
```

　SqLite3 のシェルを終了するには、.exit を実行します

```
sqlite> .exit
```

　SqLite3 データベースのシェルからデータベースに接続するには、.open にデータベースファイル名を指定して実行します。

```
sqlite> .open db.sqlite3
```

　SqLite3 データベースのシェルからテーブルを表示するには、次の SQL コマンドを使います。

```
sqlite> SELECT name FROM sqlite_master WHERE type='table';
```

　SqLite3 データベースのシェルからテーブルのフィールドを表示するには、次の SQL コマンドを使います。

```
PRAGMA table_info('テーブル名');
```

　たとえば、dish_dishdetail という名前のテーブルのフィールド名を調べるときには次のようにします。

```
PRAGMA table_info('dish_dishdetail');
```

　実行例は例えば次のようになります。

```
sqlite> PRAGMA table_info('dish_dishdetail');
0|id|integer|1||1
1|title|varchar(200)|1||0
2|comment|text|1||0
3|image1|varchar(100)|1||0
4|category_id|bigint|1||0
5|user_id|bigint|1||0
```

■ パスワードの変更

ユーザーのパスワードを変更するには、次のコマンドを使います。

```
>python manage.py changepassword ユーザー名
```

たとえば、user2 のパスワードを変更するときには次のようにします。

```
>python manage.py changepassword user2
Changing password for user 'user2'
Password: 新しいパスワードを入力する
Password (again): 再び新しいパスワードを入力する
Password changed successfully for user 'user2'
```

トラブルシューティング

ここでは、よくあるトラブルとその対策を概説します。

B.1 Pytho やツールの起動

Python を起動するために発生することがあるトラブルとその対策は次の通りです。

■ Python が起動しない

- システムに Python をインストールする必要があります。python の代わりに環境に応じて、python3、python3.10、bpython、bpython3 などのコマンドをインストールできる場合があります。
- 最も一般的な Python のコマンドの名前はすべて小文字の python です。しかし、Python の起動コマンドの名前は、python 以外に、py、python3、python3.10（数字の部分はバージョンによります）、bpython、bpython3 などである場合があります。
- Python が存在するディレクトリ（フォルダ）にパスが通っていないと Python が起動しません。パスを通すという意味は、環境変数 PATH に Python の実行可能ファイルがあるディレクトリが含まれているということです（Windows のインストーラーでインストールした場合は正しく設定されているはずです）。

　Python が起動するかどうかは、Python のコマンド名に引数 -V を付けて実行し、バージョンが表示されるかどうかで調べることができます。

```
>python -V
Python 3.11.1
```

■ pip や django-admin を実行できない

- pip や django-admin をインストールしてください。
- pip や django-admin をインストールした場所を環境変数 PATH に追加してください。
- Django と共にインストールされる pip や django-admin は、Django をインストールした Python に関連付けられてインストールされます。たとえば、Python 3.7 がインストールされているシステムで Django をインストールしてから Python 3.11 をインストールした場合、Python 3.11 と Django が関連付けられません。「python3.11 -m pip install django」などとして使用するバージョンの Python に関連付けて Django をインストールしてください。その場合、Python は「python3.11」で起動する必要があります。

■ スクリプトを実行できない

- スクリプトファイルがあるディレクトリをカレントディレクトリにするか、あるいは、相対パスまたは絶対パスでスクリプトファイルの名前だけでなくファイルがある場所も指定してください。

■ プログラムを実行できない

- システムによっては、コンソール（コマンドプロンプトウィンドウやシェル）でカレントディレクトリにあるファイルを実行するときに、カレントディレクトリであることを示す「./」をファイル名の前に付けなければならない場合があります。

付録

B.2 Python 実行時のトラブル

Python を起動したあとや、Python でスクリプトファイル（.py ファイル）を実行する
際に発生することがあるトラブルとその対策は次の通りです。

■ 認識できないコードページであるという次のようなメッセージが表示される。

```
Fatal Python error: Py_Initialize: can't initialize sys standard streams
LookupError: unknown encoding: cp65001

This application has requested the Runtime to terminate it in an unusual way.
Please contact the application's support team for more information.
```

- Windows のコマンドプロンプトの場合、コードページ 65001 の UTF-8 か、コード
  ページ 932 のシフト JIS に設定されているでしょう。chcp コマンドを使ってコード
  ページを変更してください。コードページを 932 に変更するには、OS のコマンド
  プロンプトに対して「chcp 932」と入力します。
- Windows の 種 類 に よ っ て は、 コ ー ド ペ ー ジ が 932 の cmd.exe
  （C:¥Windows¥System32¥cmd.exe）のコマンドプロンプトから実行すると、この問題
  を解決できる場合があります。

■ 「IndentationError: unexpected indent」が表示される

- インデントが間違っていないか確かめてください。
- Python のインタラクティブシェルで実行するときに、必要ない空白が行頭に入って
  いないか調べてください。

■「No module named ○○」が表示される

- ○○モジュールが検索できないか、インストールされていません。モジュールにアクセスできるようにするか、あるいは、サポートしているバージョンのモジュール（パッケージ）をインストールしてください。バージョンの異なるモジュールをインストールしていてもインポートできません。
- 大文字 / 小文字を実際のファイル名と一致させてください。
- Python のバージョンをより新しいバージョンに更新してからモジュールをインストールしてください。

■「IndentationError: unexpected indent」が表示される

- インデントが正しくないとこのメッセージが表示されます。
（C/C++ や Java など多くの他のプログラミング言語とは違って）Python ではインデントが意味を持ちます。前の行より右にインデントした行は、前の行の内側に入ることを意味します。
- インデントすべきでない最初の行の先頭に空白を入れると、このメッセージが表示されます。たとえば、単純に式や関数などを実行するときにその式や関数名の前に空白を入れるとエラーになります。

■「SyntaxError」が表示される

- プログラムコード（文）に何らかの間違いがあります。コードをよく見て正しいコードに修正してください。

■「NameError: name '○○' is not defined」が表示される

- 定義してない名前○○を使っています。タイプミスがないか調べてください。
- インポートするべきモジュールを読み込んでないときにもこのエラーが表示されます。

■「AttributeError: '○○' object has no attribute '△△'」が表示される

- ○○というオブジェクトの属性（またはメソッド）△△が存在しません。名前を間違えていないか、あるいはタイプミスがないか調べてください。

■「(null): can't open file '○○.py': [Errno 2] No such file or directory」が表示される

- Python のスクリプトファイル○○.py がないか、別のフォルダ（ディレクトリ）にあります。OS の cd コマンドを使ってカレントディレクトリを Python のスクリプトファイルがある場所に移動するか、あるいは、ファイル名の前にスクリプトファイルのパスを指定してください。

■「SyntaxError: Missing parentheses in call to '○○'.」が表示される

- Python 3.0 以降は、関数の呼び出しに () が必要です。たとえば、「print('Hello')」とする必要があります。Python 2.x では「print 'Hello'」で動作しましたが、これは古い書き方であり、Python 3.0 以降では使えません。古い書籍や資料、Web サイト、サンプルプログラムなどを参考にする場合には対象としている Python のバージョンに注意する必要があります。

B.3 Django 実行時のトラブル

Django のテストや開発用サーバーを起動するとき、あるいは、Django で作成したサイトで作業しているときに発生するトラブルには次のように対処します。

■ サイトを表示できない / 表示するとエラーが出る

- urls.py が正しく設定されているか確認してください。urls.py に記述した URL と、ビューのクラスまたは関数あるいはテンプレートの場所が一致しているかどうか確認してください。

- Web ブラウザに表示されるメッセージをよく見てエラーに対処します。長いエラーメッセージが表示されたときには、メッセージを最後のほうから見てゆくとわかりやすい場合があります。

- ウィルス対策プログラムなどがサイトのアドレスやポートをブロックしている可能性があります。ウィルス対策プログラムを停止したり、指定したポート番号で接続できるように設定を変えたりしてください。

- 本書に掲載のコード断片や特定のファイルを入力してサーバーを実行しても正しく表示することはできません。Django では複数のファイルやコードが有機的に結合して機能します。コードの意味を理解してから実行したり編集したりサイトとして表示したりしてください。本書の目的は Django による開発の手順を示すものではありません。書籍の記述順に入力して途中の段階でページを表示できるのは第 2 章でサイトのアドレスを明示しているところです。

■ manage.py の実行でエラーが報告される

- Django 4.x と Django 3.x 以前の間には互換性はありません。古い Django プロジェクトを Django 4.x でそのまま実行しようとしたり、Django 4.x の Django プロジェクトを Django 3.x 以前でそのまま実行しようとしたりすると、互換性のない部分でエラーが発生します。Django のドキュメントなどを参照して互換性のない部分を書き換えてください。

- Python のスクリプトになんらかのエラーがあることが考えられます。次の「Django が生成したスクリプトを実行しようとするとエラーが出る」を参照してエラーを修正してください。

■ Django が生成したスクリプトを実行しようとするとエラーが出る

- プロジェクトを作成して初期の段階でエラーメッセージが報告される場合は、インストールや環境設定を見直してください。特に複数のバージョンの Python や Django をインストールしていたり、インストールの順番が異なる場合は、PATH の設定やインストールを見直してください。
- Python のスクリプトに何らかの間違いがある可能性があります。出力されるメッセージをヒントにしてスクリプトを修正してください。スクリプトの保存場所やファイル名の間違い、スクリプトの中で使っている名前の間違いなどの可能性があります。

■ 「Not Found: /favicon.ico」と表示される

- サイトのアイコン（favicon.ico）を設定していないと、このメッセージがサーバーに表示されます。サイトのアイコンの設定の方法は第 6 章～第 7 章で説明する gourmet（グルメ）サイトの説明を参照してください。

■ サイトを表示しようとするとエラーメッセージが表示される

- エラーメッセージに従って対処します。よくあるのは、urls.py から wievs.py をリンクする設定の間違いや、ファイルを保存するディレクトリが間違っているケースです。

■ 変更が反映されていない / 何かわからないがおかしい

- settings.py や manage.py を変更したときには、いったんサーバーを停止して Python のインタラクティブシェルを終了してから再度試してください。そうするこ

とで新しい設定が読み込まれます。

● ブラウザのキャッシュに古いページが保存されていてそれが表示されると、表示は更新されません。ブラウザのキャッシュをクリアしてください。

■ データベースがおかしい

● モデルを変更したあとなどにデータベースの何かがおかしいけれど、何がおかしいかわからない場合は、データベースファイル db.sqlite3 とマイグレーション（migrations ディレクトリ）およびキャッシュ（__pycache__ ディレクトリ）を削除して、マイグレーションの作成とマイグレーションを実行してみると問題が解決することがあります。ただし、データベースファイル db.sqlite3 を削除してしまうと登録してあるデータがすべて消失するので、消失しては困るデータが登録されている場合は、「python manage.py shell」で起動するシェルで操作してデータを別のファイルなどに保存しておく必要があります。

参考リソース

ここには役立つ Python のサイトを掲載します。

- Django プロジェクト

  https://www.djangoproject.com

- Django のドキュメント

  https://docs.djangoproject.com/ja/4.2/

- Django の API リファレンス

  https://docs.djangoproject.com/ja/4.2/ref/

- Python のサイト

  https://www.python.org/

- Python のドキュメント

  https://docs.python.jp/3/

索引

ら

■ **著者プロフィール**

日向 俊二（ひゅうが・しゅんじ）

フリーのソフトウェアエンジニア・ライター。

前世紀の中ごろにこの世に出現し、FORTRAN や C、BASIC でプログラミングを始め、その後、主にプログラミング言語とプログラミング分野での著作、翻訳、監修などを精力的に行う。

わかりやすい解説が好評で、現在までに、C#、C/C++、Java、Visual Basic、XML、アセンブラ、コンピュータサイエンス、暗号などに関する著書・訳書多数。

Django 4 ファーストガイド
必要最小限の準備で Django アプリ作成の基本を固める

2023 年 9 月 10 日　　初版第 1 刷発行

著　者	日向 俊二	
発行人	石塚 勝敏	
発　行	株式会社 カットシステム	

〒 169-0073 東京都新宿区百人町 4-9-7　新宿ユーエストビル 8F

TEL （03）5348-3850　　FAX （03）5348-3851

URL　https://www.cutt.co.jp/

振替　00130-6-17174

印　刷　三美印刷 株式会社

Cover design　Y.Yamaguchi　　© 2023 日向俊二

Printed in Japan　ISBN978-4-87783-544-6